# Mother Machine

## 工作機械で世界に挑み続けた
## マザックの100年

神舘和典
*kodate kazunori*

幻冬舎 MC

# Mother Machine

工作機械で世界に挑み続けた

マザックの100年

プロローグ

# 市場は世界。職場も世界
## 知られざる100年企業、ヤマザキマザック

名古屋駅から車を北に1時間ほど走らせると、緑豊かな丘陵地にガラス張りのピラミッド形の建物が忽然と姿を現す。岐阜県美濃加茂市に開設された「ヤマザキマザック工作機械博物館」だ。その洗練された姿は、まるでフランスのルーブル美術館のようだ。

2019年11月1日朝、冷たい空気に周囲の山々の紅葉が鮮やかに映えるなか、そのピラミッドの前にテレビ局や新聞社など、メディアの取材班が続々と集まっていた。世界でも珍しい、工作機械に特化した博物館の開業記念式典が行われるのだ。この博物館は地下11mに設置されており、その床面積は1万㎡にも及ぶ。ピラミッド形の建物は博物館のエントランスである。

ヤマザキマザックの代表取締役会長である、山崎智久の式典挨拶が始まった。

「この博物館は、前会長の山崎照幸が工作機械の存在をもっと一般の人たちにも知ってもらいたいと、20年ほど前から構想を温めていたものです。しかし残念ながら本人の存命中には実現することができませんでした。私は先代が成し得なかったこの博物館建設の夢を、いつの日にか必ず実現させることが自身の務めであると考え、このプロジェクトを粛々と進めてきました。このたびようやく正式に博物館を開業できる運びとなりました」

そう言うと智久はゆっくりと目線を遠くに向けた。

ヤマザキマザックは２０１９年に創業１００周年を迎えた、日本を代表する工作機械メーカーである。

工作機械とは、金属などの素材を削ったり穴をあけたりして必要な形状を作り出すための機械である。自動車や飛行機、船舶などの乗り物、家電や電子機器などの部品加工に使われる。

また、プラスチックなどの樹脂製品を成形する際に使用する〝金型〟の製作にも工作機械が使われる。つまり源流をたどれば、世の中のあらゆる工業製品の生産には工作機械が関わっていることになる。そのため、工作機械は「機械をつくる機械」ということから「マザーマシン（母なる機械）」と呼ばれている。

このように工作機械は、世界中のものづくりを支えるというたいへん重要な役割を担っているが、一般的にはあまり知られていない。

第二次世界大戦により日本の工作機械メーカー各社は壊滅的な打撃を受けたが、業界一丸となって復興に取り組んだ。

当時、国内で使われている工作機械は海外のメーカーが主流だったため、欧米の先進技術を取り入れ、積極的な技術開発を進めた。その結果、日本の工作機械の品質は格段にアップした。

しかし、いくら製品に自信があったとしても、欧米諸国では日本の工業製品はまだ「安かろう・悪かろう」と思われていた時代。そのため海外の市場に打って出ようなどと考える日本の工作機械メーカーはどこにもいなかった。

そのような状況下において、ヤマザキマザックは1960年代初頭に工作機械の対米輸出を開始した。その挑戦は無謀だと嘲笑されたが、それでも数々の苦難を乗り越え、現地の工作機械メーカーをもしのぐ存在となった。その後、アメリカ、イギリス、シンガポール、中国と世界の主要な市場での現地生産も成功させ、2020年現在、ヤマザキマザックは日本国内に5カ所、海外に5カ所の生産工場を構え、全世界で80カ所以上のサポート拠点を持つ、グローバル企業に成長している。

このようにヤマザキマザックが先陣を切り、欧米市場に風穴をあけたことで、日本製の工作機械は世界のトップレベルと認められるようになった。高性能・高品質な日本の工作機械は数多くの国で受け入れられ、１９８２年から27年もの間、生産額で世界一の座を維持した。現在、生産額1位の座は中国に明け渡したものの、今でも日本製の工作機械は世界をリードし、日本を代表する基幹産業のひとつである。

本書は１００年にわたり、工作機械業界を牽引してきたヤマザキマザックの挑戦の軌跡を、関係者への取材や当時の資料をもとに筆者がまとめたものである。

なお、本書内では同社の愛称である〝マザック〟とも表記する。

目次

# 第一章

# 機械をつくる機械をつくれ

## 従業員一名。山崎定吉、裸一貫での創業

創業者 山崎定吉

## 創業

1894年11月5日、山崎定吉は、石川県大聖寺町の農家に生を受けた。

大聖寺町は金沢の西、現在の加賀市の中心の町で、福井県との県境に近いところに位置した、大聖寺川が町の東西を蛇行し、豊かな水と緑に恵まれた土地だ。この地の野山を駆け回り、川や海で泳ぎ、定吉はたくましく成長していった。

13歳のとき定吉は京都へ出て、舞鶴で石油の海上運送を行う飯野商会に就職。ほどなく北海道へ渡り、当時イギリスの技術を導入し国産兵器の製造会社として設立された日本製鋼所・室蘭製作所に入社し、生まれて初めて旋盤、つまり工作機械に触れることになる。

「100尺（約30m）の大形旋盤で砲身を削った」

これが当時の定吉の自慢だった。ちなみに、定吉が最初に就職した飯野商会は、現在、東京の内幸町を本社とする飯野海運として、東証一部上場企業に成長している。

定吉が旋盤工として独立を決意したのは20代半ば。

「このまま一職人として人生を終わらせたくない」

強い意志が生まれたのだ。

「まだ世の中にはない機械を設計製作してみたい」

「自分の技術を広く試してみたい」

そんな思いも育まれていった。

自らの創意工夫で機械をつくり出すという夢を実現したいとの思いはやがて、名古屋へ出る決意となる。

当時の職場は名古屋市内。時計のほかに当時軍需で事業を拡大していた愛知時計電機に旋盤工の腕を買われて転職していた。

そして1919年、名古屋市中区裏門前町で小さな鍛冶屋を始める。裸一貫同然の創業だった。この小さな鍛冶屋がのちに世界屈指の工作機械メーカー、ヤマザキマザックとなる。前年に第一次世界大戦が終結、戦後の秩序を巡りパリのベルサイユ宮殿で講和条約が結ばれた年だ。

従業員は定吉のほかはたったひとり。3台の旋盤を購入し、ふたりで鉄鍋の旋削加工に汗を流した。

地道な仕事を続け、まもなく従業員も5人に増え、近所に30坪の工場を借りることもできた。そこで手掛けたのが畳製造機だった。

「名古屋山崎式製畳機」

新工場には黒い筆文字で札を掲げた。定吉はまず製畳機でその腕の良さを発揮したのだ。

この製畳機が一台あれば、畳店は効率良く畳をつくることができる。当時、畳店は日本中の町にあり、需要が見込めた。定吉はすでに経営者としての才覚を発揮していた。

1923年には事業所名を掲げる。

「山崎鉄工所」

この屋号で当時日本車両製造など重工業の大手企業が多かった名古屋市内の熱田区沢下町に移転した。

定吉は働きに働く。始業は朝7時。終業は夜7時。しかし、実際には夜12時近くまで旋盤に向かっていた。

銭湯が閉まる時間が近づくと、定吉が号令をかける。

「風呂へ行くぞ！」

事業の拡大とともに増えていった住み込みの職人十数人とともにタオルと桶と石鹸を抱えて銭湯に駆け込む日々。体を洗うと、洗い場のタイルの上を汗と油の混ざった湯が流れていった。

働けど働けど、生活はなかなか楽にはならない。それでも、設備機械だけは、一台、また一台と増えていった。

「定吉さんはとにかく機械を買うことが好きな人で、ほんのわずかでもお金ができると、

創業翌年の中区の工場にて（1920年）

1935年頃の工場

そのお金はすぐに設備機械に化けてしまう」

当時の職人がのちに語っている。

創業8年目の1926年、山崎鉄工所は4尺旋盤2台、8尺旋盤2台のほかに、20インチボール盤（穴をあける機械）、20インチシェーパー（比較的小さい平面や溝を削り出す機械）、10尺プレーナー（材料を削って平らにする機械）があったという。

「おかげで台所は常に火の車。仕事は人一倍厳しくて、同じ失敗をくり返すと、げんこつが飛んできました」

定吉にとって、職人は身内同然の存在だったのだろう。

定吉は率先垂範型であり、進取の気性に富んでいた。

「自分で大八車を引いて働き、徹夜もいとわない。われわれもついていかざるを得ませんでしたね」

定吉は、製畳機に続き、木工機械の製造を手掛けた。帯鋸盤（帯状の刃を高速回転させて木材を切断するのこぎり）、手押しカンナ、プレーナー、角穴掘機の新機種を次々と開発、事業を拡大していった。そして、設備の増強が必要となるなかで社内設備用として工作機械を製造することを決意した。

しかし、定吉はなぜ工作機械、つまり〝機械をつくる機械〟を自らつくろうとしたのだろう――。

定吉がこの世を去って半世紀を超える今となっては想像するしかないが、製畳機などをつくるうえで定吉自身が満足できるレベルの工作機械を当時の日本では手に入れることが簡単ではなかったのだろう。いや、そもそもこの世に存在していなかったかもしれない。だからこそ、定吉は自分の手でその〝機械をつくる機械〟つまり工作機械をつくろうと考えたのではないだろうか。

「世の中にないものは自分でつくる！」

その精神は現在のヤマザキマザックまで脈々と生きている。

## 山崎鉄工所旋盤一号機

「名古屋の山崎鉄工所が工作機械をつくるらしい」

この噂は業界内にあっという間に広がった。定吉の動向に、皆興味津々だった。同業者は誰もが仕事を効率良く行うための新しい工作機械を求めていたのだ。

そんなある日、思いもよらぬ客が訪れた。

「うちの工場用に工作機械を1台つくってほしい」

のちのブラザー工業、当時の安井ミシン兄弟商会からだった。

そして1928年、山崎鉄工所の旋盤一号機が同社に納入された。一号機の納入先が現在に至る大手企業だったことは非常に興味深い。

この年、もうひとつ、大きな出来事があった。のちに2代目の社長となり、ヤマザキマザックを大きく発展させる長男の照幸が誕生したのだ。

1928年は、ヤマザキマザックの歴史においてとても重要な年になった。

当時の日本の景気は決して良くはなかった。1929年にはニューヨークのウォール街の株価大暴落に端を発した世界恐慌が起こり、日本経済にも嵐が吹き荒れた。失業者が溢れ、時の総理大臣、浜口雄幸は軍部をはじめとする反対意見を押し切って金解禁を断行し、日本経済を立て直そうとしたが効果はなく不況は続いた。

国民の不安と政府への不満は増大した。

そんな時勢にあっても、定吉はこつこつと工作機械をつくり続けた。1931年には名古屋市中川区八熊町に新工場を取得。1934年にはモーター直結型のロール旋盤を完成させる。

それまでの旋盤はひとつのモーターで複数の機械のベルトを回し、本体に取り付けた工作物を回転させていた。だから、ベルトが消耗すると回転がにぶる、工場内の自由な場所に機械を設置できないなどの問題があった。

この頃、日本はいよいよ戦争へと舵を切っていく。満州事変を経て、1937年には日中戦争が勃発。工作機械の需要が一気に高まる。

こうしてつづると分かるとおり、機械の需要と足並みをそろえるように山崎鉄工所は成長を遂げていた。

## 名古屋壊滅

1937年、山崎鉄工所は日本の海軍工廠の指定工場になる。この時期従業員は約100人。生産能力は創業時から格段に上がっていた。

そんななか、1938年に民間工作機械会社の技術向上と経営体質強化を目的として工作機械製造事業法が公布される。それは主に次のような内容だった。

- 政府の指定する期間内に、指定以上の設備を新・増設した場合、所得税および営業収益税を免除する。
- 政府の認可のもとで輸入する製造設備の輸入税を免除する。
- 政府指定の工作機械の試作を行う場合は奨励金を交付する。

ほかにもいくつかあるが、つまり国が認めた工作機械の会社は、大幅に優遇されることになった。

国は新潟鉄工所、池貝鉄工所など21社を工作機械製造許可会社とした。

しかし、その中に山崎鉄工所はなかった。定吉は足踏みを強いられることになる。

1941年に太平洋戦争が勃発。工作機械許可会社に選ばれなかった山崎鉄工所は、当時世界有数の航空機メーカーだった中島飛行機の下請け会社として飛行機の部品をつくることになる。しかし、それもつかの間のことだった。戦局が悪化し、日本各地で空襲が始まったのだ。

名古屋市内への最初の空襲は1942年4月18日。B25爆撃機2機によるもので、死者8人、負傷者31人の被害を被った。

日本が劣勢となるにつれて、空襲は激化する。1944年にアメリカ軍がサイパン島をはじめマリアナ諸島を制圧し、B29爆撃機によって爆弾の雨が降り注ぐようになった。

12月13日にはB29が90機襲来。東区の三菱重工業名古屋発動機製作所大幸工場を攻撃した。ここでは日本軍の航空機用発動機の約4割を生産していたのだ。

アメリカ軍は明らかに工場を狙っていた。名古屋には三菱重工業のほか、愛知航空機、住友金属工業など、軍需産業を支える工場がひしめいていたのだ。

1945年になると、焼夷弾を使った無差別爆撃が始まった。3月12日未明の100機を超えるB29の空襲では10万人以上が罹災。500人以上が亡くなった。

3月19日の230機のB29の空襲では約15万人が罹災。826人が亡くなった。この空襲で名古屋駅も炎上。屋上に設置された高射砲で迎撃したが、砲弾はB29に届かずにむなしく地上に落下した。5月14日にはなんと472機のB29が名古屋の空を覆った。前の空襲ですでに焼け野原になっていた名古屋にとどめを刺すような大空襲で、6万人近くが罹災。300人以上が亡くなった。この空襲では名古屋城も炎上している。

名古屋への空襲は計63回。来襲したB29はのべ2579機。投下された爆弾の総量は1万4500tを超えた。死者は7858人。負傷者は1万3378人。被災家屋は13万5416戸。

名古屋の街は壊滅した。

定吉はやむなく生まれ故郷の石川県に疎開する。村の織物工場を借りて、可能なだけ機械を運び込んだ。しかし、その機械を動かす人間がいない。若い働き盛りの職人は皆徴兵で、戦地へ赴いていた。

# 終戦

「朕《ちん》深ク世界ノ大勢ト帝国ノ現状トニ鑑ミ非常ノ措置ヲ以《もっ》テ時局ヲ収拾セムト欲シ茲《ここ》ニ忠良ナル爾《なんじ》臣民ニ告ク……」

1945年8月15日、山崎定吉は疎開先で昭和天皇の玉音放送を聞いた。爆発するように鳴く蝉の声とともに聞こえてくる放送が、定吉には現実のものとは思えなかった。

「日本は負けたのか……」

太平洋戦争が始まるまで、山崎鉄工所は順調に成長していた。しかし、戦争が始まると空襲で名古屋の街も、山崎鉄工所の工場も、人々の夢も木っ端みじんになった。

空から爆弾が降ってくる街にい続けるわけにはいかない。命からがら、定吉は石川県に帰っていた。

「オレはこれから、どうやって暮らしていくんだ?」

自分に問い掛ける。

日本の敗戦という日本国民が想像さえしなかった状況のもと誰もが途方に暮れていた。定吉に妙案など浮かぶわけもない。気持ちを立て直すことはなかなかできなかった。

この年、定吉は51歳。未経験の事業を始めるには厳しい年齢になっていた。

敗戦で、日本中が絶望していた。混乱、荒廃、虚脱……が全国に蔓延する。特に、交通網、流通網が損壊して農村や漁村から食糧が届かなくなった東京や大阪など都市部の荒廃はひどかった。戦争が終わった１９４５年は、東京・大阪で毎月多数の栄養失調による死者が出ている。名古屋も60回を超える空襲で焼け野原になっていた。

「ここに骨を埋めるしかあるまい」

定吉は覚悟していた。

都市部には闇市ができ、闇米、闇野菜、闇酒などが高額で売買され、物々交換されている状況だった。名古屋に戻っても、命は担保されない。

そんなとき、朝日新聞に掲載された記事が国民を驚かせた。

「判事がヤミを拒み栄養失調で死亡 遺した日誌で明るみへ」

担当する裁判のために東京を離れずに連日東京地方裁判所に通い続けた裁判官、山口良忠が33歳で死んだ。

栄養失調というと聞こえが多少はましだが、飢えが招いた死である。

山口は闇の食糧を拒否し、配給品は子どもたちに与え、自分は汁ばかりの粥をすすり、病気になって息絶えた。国民の多くはその事件をひとごととは思えなかった。

日本中が戦慄し、疎開者たちの都市部に戻ろうという意思を萎えさせた。

定吉が工作機械をつくる気力をかろうじて取り戻したのは、終戦翌年の春が訪れた頃だった。

1946年3月、定吉は木工機械の製造を再開する。しかし、仕事はほとんどない。

「こんなことでやっていけるのだろうか？」

不安は募るばかりだった。

戦争中、多くの工作機械メーカーは1938年の工作機械製造事業法によって国が認めた許可会社として潤った。

しかし敗戦とともに軍需は途絶え、大半の会社は休業状態。かろうじて経営を再開した同業他社も、工作機械ではなく鍋や釜など生活必需品をつくってしのぐありさまだった。

ところが、定吉が仕事を再開して2カ月後の5月、山崎鉄工所にとって大きな転機が訪れる。終戦時に東京の拓殖大学の学生だった照幸が、会社の再出発のために定吉のもとへやってきたのだ。

「孤軍奮闘するオヤジを助けて家族を支えるのはオレしかいない」

強い信念を持っての決断だった。

「照幸、よくぞ来てくれた」

定吉の喜びがどれだけ大きかったか、想像に難くない。

ほぼゼロからの父子の再出発。しかしゼロであることがプラスに作用した。照幸が父親から技術や経営をまっさらなところから学ぶ時間と環境が与えられたのだ。

とはいえ、戦後の日本の荒廃はすぐに経営状況が取り戻せるほど甘くはない。

「木工機械づくりで生産を再開しました。戦争で皆がものを失った時代。つくれば売れることは間違いありませんでした。でも、資材がない。製造に手間取りました」

照幸がのちに振り返った言葉にも、もどかしさがにじんでいる。

「このままではいけない」

強く感じた照幸は、いよいよ父親に進言した。

「名古屋へ帰りましょう！」

照幸は厳しい状況を戦うだけの覚悟はあった。

名古屋はまだ復興の途上。自然の恵み豊かな故郷にいれば、穏やかな人生を送ることができるかもしれない。

しかし、照幸は人生の勝負をする選択をしたのだ。

「いかがでしょう？」

父に何度も何度も問うた。

が、父はなかなか首を縦にふらない。

「まだ早い。もう少し待て。名古屋は焼け野原だ。もう工場もない。家も空襲で焼けた。

しかも、都市部は食糧難。栄あたりはまだ闇市のバラックが並んでいる状況だ」

諭すばかりだった。確かに、名古屋へ戻っても工場の再開どころか、生活もままならない。

それでも、照幸は根気よく定吉を説得し続けた。

「このままここにいても未来は開けない。ほかの同業者よりも早く再スタートをきりたい」

それは確信に近かった。

## 株式会社山崎鉄工所

定吉が名古屋行きを承諾したのは、照幸が進言してから1年後のことだった。

「新しい山崎鉄工所を築くのは照幸たちの世代だから」

それが、定吉が名古屋へ戻ることを決めた理由だった。

1947年秋、山崎父子は石川をあとにする。

山崎鉄工所の再出発。しかし、名古屋へ戻っても、かつてのような経営ができるわけではなかった。

山崎鉄工所の商事部があった上前津の店舗を再出発の場所に決めたものの、そこはまだがれき状態。社屋をつくるところからの再スタートになった。疎開先の工場を解体してその資材を設備機械とともに名古屋へ運んだが、機械を置く場所はない。バラック同然の店舗内に並べた。

ところが、世の中は何がプラスに作用するかは分からない。その店舗が思いがけず、中古機械の陳列場になった。

「この機械はいったい何？」

見たことのない機械の陳列が通りがかりの人たちの好奇心を刺激した。多くの人が店舗をのぞいていく。噂は口コミで広がり、工作機械を求めて買い手がやってきた。

そこにある機械は山崎鉄工所が自社で工作機械をつくるための設備であり、もともと売り物ではない。しかし、会社の運転資金も底をつきかけてきた。背に腹は代えられない。山崎父子は、中古の工作機械を一台、また一台と売り、戦後の苦境を乗り切っていった。

「戦争で世の中はまだひどい状況だ。でも、復興は急速に進んでいる」

思っていた以上に工作機械を求める人が多いことを肌で感じた山崎父子はそこに希望の光を見た。とはいえ、戦後のＧＨＱ（連合国軍最高司令官総司令部）の統制によって、国内の工作機械の生産は制限されている。

しかし、やがてひらめいた。

「今、中古の機械を買い集めて修理すれば売れるはず」

日本人はものづくりに対して前向きな気持ちを持っている。そのポテンシャルにかけることにしたのだ。

「工作機械の生産体制が整うまでは修理再生業を中心にして、山崎鉄工所を立て直そう」

定吉は旧知の同業者の工場を訪ね、稼働していない機械を買い集め、分解し、洗浄し、古くなった部品を交換していった。

いわゆるリビルド業に本腰を入れたのだ。

山崎父子の読みは正しかった。リビルド業は大当たり。需要は多く、山崎鉄工所の経営は急速に拡大し法人化することになる。

1949年8月、山崎父子は資本金100万円で「株式会社山崎鉄工所」を設立した。代表取締役は山崎定吉、専務取締役は山崎照幸である。

父子が肌で感じていたとおり、終戦直後は日本中で工作機械が求められていた。復興には業種によって、旋盤、フライス盤、研削盤などさまざまな機械が必要であり、その機械をつくるための工作機械の需要も高まっていたのだ。

終戦時の日本には約60万台の工作機械が設備として保有されていた。そのうちの優れたもの、状態のいいもの、約22万3000台は軍のものだった。戦後はGHQの賠償対象品目に指定され、工作機械の製造も厳しく制限されていた。その後1948年頃になると、日本の経済復興に対するアメリカの意向は終戦直後とは一変し、工作機械の生産と輸出振興が認められたことにより、それらが民間に払い下げられると、日本中の鉄工所が競って買い求めた。

## 朝鮮特需

「北鮮、韓國に宣戰布告」

1950年6月26日、朝日新聞が一面で報じた。

前日の6月25日、金日成《キムイルソン》率いる北朝鮮（朝鮮民主主義人民共和国）が韓国（大韓民国）との国境を越えて侵略を仕掛けた。

朝鮮戦争の勃発である。ソ連（ソビエト連邦）のヨシフ・スターリン、中国（中華人民共和国）の毛沢東の支援を受けての攻撃だった。

時は東西冷戦のさなか。韓国側には、アメリカ合衆国、イギリス、フランスなど西側諸国が国連軍として支援した。朝鮮半島全土が戦場となった。

アメリカ軍は、朝鮮半島から目と鼻の先にある占領下の日本を物資調達の基地として、大量の米ドルを投下。日本企業にトラックなどをはじめさまざまな工業製品を発注したのである。世にいう朝鮮特需。工作機械の需要は増大した。

こうした世界情勢は、設立したばかりの山崎鉄工所の勢いを後押しした。

「一流メーカーの中古機械が欲しければ、名古屋のヤマザキへ行け」

機械業界内にはこの時にはすでに山崎鉄工所の名前が広がっていた。分解して洗浄をして組み立て直すリビルド業によって、山崎父子は、海外一流メーカーの機械の構造を知り尽くしていたのだ。

このリビルドの経験は、のちに工作機械づくりを再開する際のアドバンテージになった。


当時、日本の工作機械の品質は海外から大きく後れを取っている。

戦中に海軍の軍人として戦闘機パイロットから航空参謀となり、戦後は航空自衛隊で初代航空総隊指令や第3代航空幕僚長や参議院議員を歴任した源田実は、戦後初のアメリカ視察で、工作機械の品質の高さに驚愕した。

「これでは日本が戦争に勝てるはずがない」

源田のこの発言は、当時日本で工作機械に携わる人間の間に広がった。

それほど優れたアメリカ製の工作機械を山崎父子は戦後早期のうちに徹底的に研究、分析していたのだ。

戦後1年ほどで疎開先から名古屋へ戻ったことでも、将来に向けてリビルド業を先行したことでも分かるように、山崎父子の体には〝先見〟の血が流れていた。

朝鮮戦争の特需もあり、終戦した翌年の１９４６年から１９５５年の10年間で、日本の工作機械の生産台数は約4倍、金額では約35倍に成長している。この機運に乗じて、山崎父子は勝負に出る。名古屋市熱田区に新工場の建設を決めた。

１９５６年6月、山崎鉄工所は熱田工場を操業。そこはさながら〝工作機械づくりの道場〟となった。

「いつか必ず、自分の手で一流の工作機械をつくる！」

その思いを胸に、定吉と照幸の指導のもと、社員たちは腕を磨いていった。

ちなみに、のちに3代目の社長となる照幸の長男、智久は熱田工場完成前の１９５４年2月に誕生、幼少期から工作機械に囲まれて育った。

## 山崎復活

1957年3月、当時の通商産業省（現経済産業省）が「金属工作機械製造業合理化基本計画」を発表した。

それは主に次のような内容だ。

①需要に即した性能と品質を有する機種の生産を可能にする。
②生産費の引き下げ率を20％以上とする。
③新設備に置き換えられる旧式設備は屑化又は転用する。
④製造品種ごとの専門化・集中化を促進する。
⑤部品等の規格の統一および購入方法の合理化を図る。
⑥共同の研究機関を設置し生産技術の向上を図る。

※日本工作機械工業会編「1956年（昭和31年）度事業報告書」別報告「金属工作機械製造合理化基本計画」および北海道大学長尾克子著「戦後日本工作機械工業の展開：昭和20～40年代」参考。

第1次産業の農業国から自動車や航空機などを自力で製造する第2次産業の工業国へと発展するためには、質の高い工作機械の国内生産が不可欠であることを国が明確にしたのだ。

外国製の高品質の工作機械を参考にして、企業間の垣根を越えて日本の工作機械メーカーが研究する必要があることも説いている。それはすなわち、山崎父子がリビルドの過程で自主的に行ってきたことだった。

同じ年の10月、今度は当時の大蔵省（現財務省）が「合理化機械等の初年度2分の1償却ならびに重要機械等の3年間割り増し償却」を認めて、当該指定機種を発表した。機は熟した。

「工作機械づくりを再開しましょう！」

照幸は父に進言した。リビルド業によって、山崎鉄工所の技術者たちの技術も向上し、手応えを感じていた。

山崎父子がまず手掛けようとしたのは、穴の内面をくり広げる加工を行う横中ぐり盤と工作物の表面を精密に研磨仕上げする研削盤だった。当時、国内での生産台数は少なく、中古市場でも圧倒的に不足していたからだ。

しかし詳細を調べると採算が合わない。海外の優れた機種を輸入する会社があると、真っ先に見学に訪れたが、必要な部品の調達にまだ大きなコストが掛かることが分かった。

さて、何から手掛けたらいいのだろうか？

逡巡していると、１９５８年の春を迎える頃、新たな情報が入った。

「市場で旋盤も足りなくなっている」

日本の工業化の速さに、中古市場での主力製品だった旋盤まで不足し始めているというのだ。

この情報に山崎父子は希望を見た。

「旋盤ならばいける！」

はっきりと思った。

旋盤は、硬い金属材料を切削加工する、最もスタンダードな工作機械のひとつだ。当然、マーケットも広い。山崎鉄工所にも十分な経験がある。


１９５９年4月、山崎鉄工所の旋盤の試作品1号機が完成。生産体制を整備するために資本金を６００万円に増資した。

この試作機に、父子は連続運転による熱変位、耐久性など、徹底的に性能解析を行った。

そして8月、山崎鉄工所が法人化されて記念すべき1号機3機種、高速精密旋盤ＬＣ－８００およびＬＡ－１５００ほかの市販にこぎつける。12月にはさらに性能をアップしたＬＤＧ－８００とＬＢ－１５００も開発。量産体制を築いた。

朝鮮戦争後の岩戸景気の後押しもあり、従業員もどんどん増やし、約150人に。〝国産機ブーム〟により工作機械業界全体が潤い、山崎鉄工所は確実に成長していった。

朝鮮戦争中に日本がアメリカに補給物資を支援し、製造業が潤ったのが1954年から1957年の神武景気。初代天皇の神武天皇の時代以来の好景気という意味だった。それよりも潤った岩戸景気は神武天皇以前、「天照大神が天の岩戸に隠れて以来の好景気」という意味で名付けられた。

この岩戸景気は、まさしく高度経済成長によるものだった。技術革新による設備投資が各業種で進んだ。

「投資が投資を呼ぶ」

設備投資のプラスのスパイラルが生まれ、経済成長に拍車がかかった。

「1959年暮れから1961年にかけて、わが国の工作機械業界が戦後初めて陽の当たる場所へ躍り出た時期でした。ほとんどのメーカーが前金を条件に取引をするという売り手市場が3年間続きました。この時期に生産再開のスタートをきった当社は、売り先を探す必要はなく、ただ生産に専念さえすればよかった」

照幸はのちに語っている。事実、稼働をスタートしたばかりの熱田工場には、連日客がトラックで乗り付けた。

「現金を持ってきました。今ここにある旋盤を譲ってください」

そう言って、完成したばかりの旋盤をトラックに積み込んでいったのだ。
1955年から10年で日本の工作機械の需要はたいへんな勢いで伸びている。

1955年　1万8000台　37億円
1964年　13万1000台　910億円

台数で7倍、金額は24倍。ただし、この時期はアメリカ、ドイツ、スイス製の輸入機の需要も盛んだった。1955年の輸入工作機械への依存度は57・7%と、およそ6割。国産機を上回って戦後のピークを記録していた。高度経済成長期は、国産機であれ、輸入機であれ、工作機械そのものの需要が大きかったのだ。

山崎鉄工所の旋盤は、国産機と輸入機の優れているところを巧みに取り入れていた。ボディは自前だが、ギアボックスの歯車はスイス製の最新鋭機で研削加工を施した。ベアリングはアメリカ製を使った。リビルド業によって養われた技術と目利きで、精度および性能の向上に万全を期したのだ。

この時すでに山崎家の照幸の弟たちも入社。従業員も増員。1961年には250人体制に拡大していた。それでも猫の手も借りたいほどだった。

「欠勤した職人を自宅まで呼び出しに行くこともしばしばでした」

次兄の義彦は語っている。

残業手当はもちろん、増産奨励金制度もつくり、熱田工場を連日フル稼働させた。ピーク時には、1台100万円を超える旋盤を、月に65台生産。大卒の初任給が1万5000～1万7000円の時代に、年間2億円を超える利益を上げていた。

1961年5月には、初の海外輸出も行っている。LD－800形とLB－1500形など計3台をインドネシアの企業に売ったのだ。

今日の〝世界のマザック〟に至る第一歩と言っていいかもしれない。

この機運に乗じて山崎父子は名古屋市内から北へ車で約1時間の愛知県丹羽郡大口町に新しい工場を操業することを決めた。

しかし、この頃すでに、日本には不況の波が押し寄せていた。

岩戸景気の終焉、そして新たに大口工場を建設したことによって、創業以来の苦境を迎えることになる。

## 雪中を進んだ営業キャラバン隊

1945年の太平洋戦争終戦以来、山崎鉄工所は順調に成長。創業者の定吉とのちに2

代目の社長となる長男、照幸の先見を日本の高度経済成長が後押ししてきたのだ。

しかし、1960年代に入り、時代の歩みと山崎鉄工所の歩みにわずかなずれが生じた。莫大なコストを掛けた大口工場新設のタイミングで日本の景気が傾いたのだ。

大口工場新設に伴う設備投資、従業員の増員に好景気の終焉が重なり、山崎鉄工所は苦境に立たされた。

「私の腹積もりとしては、最低でもまだ1、2年は好況が続くと思っていました。その間の利益で新設した工場の投資金額を回収すればいいと考えた。ところが、その思惑は見事にはずれました」

この時のことをのちに照幸が語っている。

大口工場には、当時は珍しかった冷暖房装置を入れていた。加工する機械や部品が気温によって膨張したり収縮して加工精度に影響を及ぼさないようにという配慮だ。そのため多額の資金が必要となり、建設費の大半を金融機関から借り入れた。

「当時は、当社製品の知名度も全国的にはまだ低く、同業他社と比べていち早く手持ち受注残を食いつぶしてしまいました。やむなく減産ブレーキを踏んでいるときに、大口工場建設に際して発注してあった新鋭設備機械が次々と納入されてくる。本心はキャンセルしたいのですが、それもできずに本当に苦しかった。今でもはっきりと思い出すのは、1961年11月5日、午前10時から緊急経営会議を開き、翌朝の4時まで夜を徹して苦境打開策を検討したことです。皆の表情も切羽詰まって、必死の形相でした」

夜を徹した緊急経営会議は、翌日も、翌々日も続いた。

「製造業に奇策などありません。社にある製品を売って売って売りまくるしかないでしょう」

「営業部はもちろん、製造、技術、管理……すべての部門から社員を動員。全国販売を行うべきです」

「全社員の力の限りを尽くして、1台でも多くの注文を獲得しましょう」

会議では白熱した議論が交わされた。

そこで決定し、実行されたのが、全国キャラバンセールスだった。

このキャラバン隊は大きく分けて3班。北海道から関東を回る東日本隊。北陸、東海、関西を回る中部日本隊。中国、四国、九州を回る西日本隊。既婚者も、未婚者も、妻や家族と離れての旅回りになった。

各隊ではそれぞれでライトバンと小型トラックのペアによるチームがつくられた。トラックの荷台には営業先にサンプルとして見せるデモンストレーション用の旋盤が積まれた。

「出発します！」

「気をつけろよ！」

「頑張ってきます！」

「任せたぞ！」

大口工場の正門から次々とキャラバン隊が出発していく。

「目標台数の注文を得るまでは帰らない覚悟の〝長期遠征〟でした。厳寒の東北地方や北陸地方へ向かったキャラバン隊は、営業だけでなく、風雪という自然の猛威とも戦わなければいけません。まさに〝行軍〟でした」

キャラバン隊のメンバーはのちに振り返っている。実際、東北・北陸地方を担当した社員は、雪中、車輪にチェーンを巻き、除雪をしながら前進した。

この全社一丸となってのキャラバン隊の営業は、全国各地で徐々に成果を上げていった。

「本日、仙台で1台売れました！」

「こちら新潟、あと2台いけそうです！」

全国各地から本社に届く連絡に、全社員が歓喜した。

「必死の努力がようやく実りつつあり、操業に必要な受注量を確保できる見通しが立ってきた。このたびの苦境は神が与えた一大試練だと思う。さらにいえば、好況時に安逸な商売をしてきたことへのとがめを受けたわけで、今後この教訓を大切にしなければならな

キャラバン隊

い」

最初のキャラバン隊が出発してからおよそ1年後、社内報『山崎ニュース』1962年12月号で照幸がつづっている。

半世紀以上前のこの全社一丸となってのキャラバン隊が成果を上げたことは、その後の山崎鉄工所、ひいては社名が変わった現在のヤマザキマザックの社風、そして社員の魂を育てた。

「あの時期、会社の販売部門に強靭なセールス魂が培われました」

キャラバン隊として営業に尽力し、のちに専務取締役となった営業担当の矢島進も語っている。

その後も山崎鉄工所にはいくつもの苦境が訪れ、全社一丸で乗り越えていくことになるが、キャラバン営業で培われた〝山崎鉄工所魂〟は明らかに社員の自信の源泉になっている。

## アメリカの機械専門商社との攻防

「アメリカに山崎鉄工所の機械を何百台も買いたいと言っている専門商社がある」

普段から付き合いのある工作機械の販売会社から情報が入ったのは、1962年3月のこと。名古屋にはまだ冷たい北風が吹いていた。

キャラバン隊の全国行脚も功を奏し、山崎鉄工所の経営は回復の兆しを見せていた。この年の7月にはアメリカのシカゴで開催される工作機械見本市への出品も決まっていた。

「アメリカの会社が日本製の工作機械を買いたいだって？　なにかの間違いだろう」

照幸は半信半疑だった。この時代はまだアメリカと日本の工作機械の技術の差は大きく、欧米の工作機械の技術導入が集中して行われていた。日本製をアメリカに輸出するなど、夢のまた夢と思われていた頃だ。

ところが、商社のトップが生産現場を視察に訪れた。そしてより具体的なオファーが届く。

「旋盤を200台まとめて買いたい」

それまで日本では耳にしたことのないアメリカとの大口の商談だ。日本国内ならば、金額にして3億円近い取引になる。当時専務の照幸は5月に単身アメリカへ向かった。

アメリカの土を踏むと、危惧していたとおり、決して甘い話ではなかった。

「単価は3000ドルにしてほしい」

反論を許さないという先方の口調に、照幸は落胆した。レートを計算すると、日本での価格に比べて、実質3割近い値下げだったからだ。

しかも、単位をミリからインチにしたり、機械の摩耗を防ぐための摺動面の焼き入れ研削加工を施したり、米国規格の電装品の使用など約30項目の設計変更を求められた。これでは到底採算が合わない。

「単価を再検討してほしい」

その言葉がのどまで出かかり、しかし照幸は飲み込んだ。工作機械の先進国であるアメリカへ進出するためにも是が非でも受注したかったのだ。

さらに、アメリカでの商標を「YAMAZAKI」ではなく、その商社が持つインポーターズブランドにしてくれとも言われる。

「われわれはアメリカの中古品の代わりに日本製品を買うのだ」

はっきりと言われた。

この時期のアメリカは好景気に沸いていて、自国製工作機械の数が足りず、品質が多少劣っても日本製で間に合わせたい状況だったのだ。

屈辱的な条件。屈辱的な物言い。

それでも、照幸は歯噛みをしながらも30台だけ成約した。

「業界初の対米輸出・大量受注に成功」

1962年6月に日刊工業新聞が大きく報じたが、実際にはメディアの報道ほど華々しい成果ではなかった。技術面でも、価格面でも、問題が山積だ。特に設計変更には苦しんだ。1つの部品の加工にまる一日かかることもあった。

「こんなことでは1カ月に20台以上の旋盤なんてつくれません」

普段は無口な工場の職人が食ってかかるほどだった。

それでもなんとか30台を完成させた12月、アメリカの商社の営業部長が来日。そこで、無情にも発注の撤回を言い渡される。

「当社の要求した製品に仕上がっていない。ただちにキャンセルする」

その場に同席した山崎鉄工所側の全員が青ざめた。

「あれほどはっきりとNOと言われるとは。私たちには世界一流の工作機械を修理再生してきた経験があり、ひそかにプライドを持っていました。そんな自信がいっぺんに吹き飛ばされました」

のちに専務取締役となった青木修は回想している。

キャンセルされたアメリカ仕様の旋盤は寸法もインチ化され、日本で販売はできない。すべての部門の力を結集させて、再び30台をつくり直すしかなかった。

「おめおめと引き下がるわけにはいきません。設計、製造、資材に至るまで、技術陣が一丸となって、再挑戦した。意地です。プライドです」

青木は語っている。

誰もがリベンジを誓った。

誰もが砂を噛むような思いで再生産に取り組んだ。

そして、契約仕様どおりの旋盤がついに完成する。

1963年4月、契約から1年が経とうとしていた。厳しい条件をようやくクリアした旋盤の最初のロットが船に積まれアメリカへ向けて太平洋を渡っていった。

その1号機が大口工場を出る日には社員全員で見送った。

「バンザーイ!」

旋盤を積んだトラックがいよいよ門を出ようかというとき、誰かが大声を上げた。

すぐにみんなが呼応する。

「バンザーイ!」

「バンザーイ!」

満面の笑みがあった。

泣き笑いの社員もいた。

照幸は溢れる涙をこらえきれず、目頭をおさえた。

「かなり早い時期に対米輸出に取り組み、井の中の蛙から抜け出し、技術的に目を大きく開かせてくれた意味ではまことに有意義でした」

のちに青木は振り返っている。

「工場で働くみんなが辛酸をなめました。採算はマイナスでした。しかし、この経験がその後の技術レベル向上と国際化に大きく役立っています」

照幸もはっきりと述べている。

このようにして山崎鉄工所の気骨は育まれていった。

第二章

# 世界に通用する〝本物〟をつくれ

## 〝マザック〟ブランドの誕生

## 定吉逝去

アメリカ商社からの厳しい条件提示に山崎鉄工所が挑んでいた1962年9月18日、山崎鉄工所の最初の時代が終わった。名古屋大学医学部附属病院で、創業者の山崎定吉がこの世を去ったのだ。

山崎鉄工所、現在のヤマザキマザックの礎を築いたのが定吉だった。率先垂範タイプの定吉は創業間もない山崎鉄工所で職人とともに働き、同じ釜の飯を食べ、銭湯へ通い、酒を酌み交わして会社を大きくした。

晩年は、照幸ら息子たちに経営を任せ、若い頃からの趣味の筑前琵琶を弾き、「山崎旭成」を名乗って弟子もとっている。

もちろん、山崎鉄工所の経営は案じていた。

「鍛冶屋とできものは大きくなるとつぶれる」

定吉はいつも口を酸っぱくして言っていた。

徹底的にポジティブな照幸は常に積極策をとった。それでも定吉の目線があることで、足もとを確認することは忘れずにいられた。

定吉を社葬で見送ったのは名古屋市内の建中寺。1651年に尾張徳川家が建立した歴史のあるこの寺には、約2000人の弔問客が訪れた。

定吉が逝去する前すでに、実質的に照幸が経営を任されていた。企業のトップは最愛の父を失っても悲しんでばかりではいられない。さっそく攻めの経営姿勢を示した。翌1963年4月に資本金を6000万円に増額。さらに、7月に1億2000万円に増額。目的は生産能力を強化するための設備資金の調達だった。

この期間、大口工場を拡張して、10月には普通旋盤を月産120台生産する体制を確立している。生産ラインには自社でつくった専用機をふんだんに投入。さらに札幌や広島には新しい営業拠点を開設した。

山崎鉄工所の新しい時代の幕開けだった。

## 欧米視察

アメリカからは、継続して注文が来るようになった。しかし、先方は日本製の工作機械を評価しているわけではない。あくまでもアメリカ製の中古機の代用という扱いで、価格も中古と同じレベルだった。

「低価格で購入したい」

どのディーラーもストレートに要求をしてきた。しかし、安売りばかりでは採算は合わない。

「輸出をやめるか？　採算が合うようコストダウンに努めるか？」

経営陣は二択を迫られる。会議を重ねて、盛んに議論した。

照幸はここでも攻めの姿勢は崩さなかった。

「採算がとれるようにすればいい。挑戦しよう！」

コストダウンを図り、海外進出を諦めない道を照幸は選んだ。

相手に勝つには、相手を知ることが重要だ。照幸はすぐに欧米視察チームを組んだ。

「この経営が厳しいときになぜ海外視察を行うのだ」

「今は少しでも支出を抑えるべきではないのか」

経営会議では反対意見も出た。

しかし、照幸は強い意志をもって退けた。

「今日は苦しい。しかし、明日がある。世界を知り、学ばなくてはならない」

意思はまったくぶれることはなかった。

この時期、いつか自社ブランドで海外へ打って出ることを想定し、輸出用のブランドを設けた。

「MAZAK」

読みは〝マザック〟。現在のヤマザキマザックに至るこの〝MAZAK〟表記が生まれた。

「当時、私にとっての悩みはブランド力がまだまだ乏しいことでした。順調だった対米輸出ですが、ブランドは販売先のアメリカ機械商社のもの。そこで独自ブランドを展開することにして、ブランド名を今の社名にも使われている〝MAZAK〟に決めたのです。由来は、私の苗字〝Yamazaki〟の読みでした。欧米人は〝Ya〟の発音が苦手です。そこで、最初の〝Ya〟を除いたうえで、英語風に最後の〝i〟も切り取りました」

照幸はのちに取材で答えている。

この時点で〝マザック〟はあくまでも輸出機用のブランド名だった。山崎鉄工所が現在のヤマザキマザックに社名変更されるのは、それからさらに20年以上を経た1985年まで待たなくてはならない。しかし本書では、ここからはあえて現在の社名である〝ヤマザキマザック〟あるいは〝マザック〟と表記していく。

欧米諸国の視察チームは1963年9月に羽田を発った。期間は2カ月。メンバーは経営幹部5人。対米輸出開始から約5カ月。機を見るに敏な照幸の采配だった。

テーマは3つだ。

①コストダウンの手法を徹底的に学ぶ。
②品質管理、製品開発などの最新技術を多角的に吸収する。
③海外市場のニーズを的確に把握する。

この視察テーマのほかにもうひとつ、設備機械の買い付けも目的にしていた。マザックの工場に最新の設備を導入することが至上命令だった。

訪れたメーカーは、ライスハウエル、マーグ、リネ……など、欧米各国で約20社。報告書は、レポート用紙に手書きで300枚を超えた。

「今後の努力次第で、われわれにも世界に通用する工作機械をつくることが可能という、確信を得た」

レポートにはそう記されている。

「最初のアメリカからの受注契約が当社にとってまずまずの好条件であったなら、私たちはあれほど必死になれなかったでしょう。コストダウンの限界と可能性を厳しく体験する絶好の機会でした」

照幸は語っている。

1964年7月、対米輸出が軌道に乗った頃、大口工場に本社社屋が完成。毎月40〜50

台の工作機械をコンスタントにアメリカへ輸出し、１９６５年にマザックは工作機械業界では先陣を切って、当時の通産省の「輸出貢献企業」に認定される。

この１９６４年には、東京オリンピックが開催され、日本中が沸いた。オリンピック前は、各競技場、東名高速道路、名神高速道路、東海道新幹線、営団地下鉄（現東京メトロ）、首都高速道路などインフラの建設ラッシュとなった。これらの建設費の総額は１兆円近くに上った。当時の国家予算は約３兆２５００億円。いかにオリンピック特需が大きかったかが分かる。こうしたオリンピック特需が後押しした急速な経済成長は、証券市場の成長も促した。

「銀行よさようなら。証券よこんにちは」

そんな流行語が生まれたほどだった。

この時、社会ではまだ、大手証券会社が倒産の危機を迎えようとしているとは思われていなかった。

インフラの整備が活発になれば、工作機械の需要も増す。業界全体が潤った。マザックも輸出だけではなく、内需の苦難も乗り越え体力を蓄えることができた。

このように照幸体制は順調のように見えた。しかし、工作機械業界にも不況の波が押し寄せようとしていた。

## 昭和40年不況

東京オリンピックが終わるとすぐに、好景気の反動で、いわゆる「昭和40年不況」が訪れる。

1965年には山陽特殊製鋼が当時最大の480億円の負債額で倒産した。好景気に乗じた過度な設備投資が原因で普通鋼メーカーが特殊鋼業界への進出を図っていたため、その対抗措置として設備投資額も大きかった。さらにこの倒産によって、経営陣が約70億円の粉飾決算を行っていたことも発覚。社長以下役員7人が起訴されている。

余談だが、この山陽特殊製鋼の顚末が描かれたのが、山崎豊子の長編小説『華麗なる一族』だ。山本薩夫監督、佐分利信主演で1974年に映画化もされて4億2000万円の興行成績を上げた。

山陽特殊製鋼のような大企業の倒産によって、関連企業、下請け企業なども連鎖して倒産していく。

そして、設備投資需要の減速は工作機械業界へも影響した。マザックが所属する社団法人日本工作機械工業会の企業も10社以上倒産した。

「山高ければ谷深し」

オリンピック景気のあとを襲った不況は、その現状もさることながら、心理的不安も大きく、製造業における設備投資は消極的になり、工作機械の需要もがくんと落ち込んだ。当時マザック機の国内需要は月間約90台。それが20～30台と3分の1以下まで下がった。

右肩下がりに転がり落ちていく売上。

「あの時期毎月40～50台という安定した輸出がなかったら、経営がどうなっていたか分かりません」

照幸が振り返っているように、国内需要の大幅な減少を輸出でかろうじて補い、苦境を乗り切っていった。競合他社よりもひと足早かった海外市場への展開が、ぎりぎりのところでマザックを救った。

照幸や営業チームは、アメリカへ、フランスへ、厳冬のノルウェーへ、そしてその数日後には南アフリカへ……。世界を股にかけ、セールス行脚を重ねた。

「対米輸出が軌道に乗り、次にアメリカ以外へも売り込みを始めました。1964年頃のことです。私や会社幹部は、製品カタログや会社案内がぎっしり詰まった重いトランクを手に、世界各国を回りました。ノルウェー、南アフリカ、オーストラリア、ドイツ、フランス、イタリア、イギリス……。訪問した国は三十数カ国に及びました。街に着いたら電話帳で現地の工作機械の販売店を探し、片っ端から電話を掛けました。アメリカで売れるのだからヨーロッパでも売れないはずがない、と自信はあった。だが、当時の日本製品は、安かろう悪かろうというマイナスイメージです。大規模な販売店はたいがい、すでにアメリカやドイツのメーカーと代理店契約を結んでいた。買ってください、と攻勢を掛けても、首を縦にふってくれる業者はまずありません。せめて店頭にうちの工作機械を展示させてほしい、と頼み込んでも、けんもほろろに追い返されたこともありました」

照幸は取材に答えている。

街へ着くと電話帳を頼りに営業先を訪れる。

突然目の前に現れたアジア人に、相手はとまどうばかりだ。

「お願いがあります」

つたない英語でパンフレットをさし出す。

「お前たちはどこから来た？　チャイナか？」

「いえ、ジャパンです」

「ジャパン？　あの戦争に負けたアジアの小っちゃな島か？」

「はい」

「何の用だ？」

「旋盤を買ってほしくて、うかがいました」

「ジャパンの会社がか!?」

「はい」

「ジョークか？」

「いえ、本気です」

そんな会話が何度もくり返された。

フランスでは嘲笑された。

「日本製の旋盤だって!?　冗談もほどほどにしろ。われわれの国に日本産のワインを買ってくれ、と言っているのと同じだ」

それでも、このジャパニーズたちは簡単には引き下がらなかった。

「せめてデモ機をショールームに置いていただけないでしょうか」

そう言って、なかなか帰らない。

「製品には自信があります。試してみてください。置くだけでも、お願いします」

粘りに粘った。

すると、好奇心からか、根負けしたのか、気の毒に感じたのか、デモ機をショールームに置かせてくれる販売店のオーナーもいた。

「工作機械の後進国というハンディを抱えながらの営業でした。本当に苦しかった」

帰国した営業スタッフも振り返っている。

この昭和40年不況は証券不況とも呼ばれている。

不況時の国民の混乱の大きな原因のひとつに、山一証券の経営難が明るみになったことがある。

「山一証券 経営難乗り切りへ 近く再建策発表」

1965年5月21日、『西日本新聞』の朝刊が一面で報じたのだ。

山一の危機は前年、1964年には起きていた。しかし、国民の混乱を防ぐため、大蔵省は再建策が明確になるまで報道協定を要請していた。

ところが、報道協定の要請外にあった西日本新聞が報じてしまったのだ。

西日本新聞が抜いてしまった時点で、規制はないに等しい。同日の夕刊で他紙も記事にした。

日本は大混乱に陥った、翌5月22日は土曜日。当時はいわゆる〝半ドン〟で金融機関は午前のみの営業だったにもかかわらず、山一には株式や債券の払い戻しを求める人が殺到した。

5月28日、大蔵省、日本銀行、日本興業銀行、三菱銀行、富士銀行のトップが、東京・赤坂の日銀氷川寮に集まり、山一の再建計画を話し合った。

時の大蔵大臣は田中角栄。

解決策としては山一への日銀特融しかないことは明確。しかし、三菱が煮え切らない。

しびれを切らした田中は一喝した。

「それでもお前は銀行の頭取か！」

田中のあまりの迫力にその場の空気は凍り付いたという。そして、山一の経営陣の私財を担保に、興銀、三菱、富士の3行で240億円、無制限・無担保で融資を行うことが決まった。

そして11月、田中の次の大蔵大臣、福田赳夫は渋る日銀を押し切り赤字国債の発行を閣議決定。地方の中核都市への公共投資も行い景気は回復した。

福田蔵相の地方の公共投資政策は、日本のものづくりを再び活性化させ、ずっと続いていた高度経済成長の軌道へと日本を戻し、工作機械業界も復活の兆しを見せた。

## 量産体制へ

マザックは昭和40年不況をなんとか乗り切るや、いざなぎ景気の波に乗り、すぐに攻めに転じる。組織改革によって国内営業を強化したのだ。

1966年1月には系列会社を統合し資本金を1億8000万円に増やした。そして、全国の主要市場に販売店を組織して〝マザック会〟とした。

同時に、新製品開発も活発に進め、従来の製品よりもさらに強力な旋盤、マザック・レックスなど大小25機種をそろえ、シリーズ化した。まさに電光石火の早業だった。

このスピードが功を奏し、1966年秋には月産150台、1967年2月には月産170台、9月には月産200台の大台に乗せた。

「谷深ければ、山高し」

一年前とは反対の状況になった。

この1967年は、工作機械業界全体が潤い、総生産高は過去最高の1260億円にまで達する。そのうちの429億円が旋盤。全工作機械のおよそ3分の1を占めた。日本はまさに高度経済成長期の真っただ中だった。建物、乗り物から家電に至るまで、日本全国でありとあらゆる工業製品の生産に旋盤が使われていたのであろう。

旋盤のなかで最も人気が高かったのは中型クラスで、国産メーカー全体で年間153億円（1万741台）。これはマザックが最も得意とするサイズで、マザックの同年の生産高は約30億円（2057台）を記録した。シェア20％である。

マザックは国内での販売を取り戻しながらも、海外戦略もぬかりなく行った。アメリカ、ヨーロッパ、南アメリカ、韓国、台湾など、この年のマザックの旋盤輸出台数は470台。輸出比率は約23％。当時の工作機械業界の旋盤輸出実績、4599台の10％強を占めた。

追い風に乗ったマザックは、積極的に設備投資を行う。

1968年　3億6000万円
1969年　9億2000万円
1970年　7億7000万円
1971年　3億6000万円

4年間で約24億円の設備投資を行った。

この時期の設備投資のなかでも特筆すべきなのは、1968年、旋盤メーカーでは初めての組み立て用コンベアラインの設置だ。その導入で、同業他社の月産が150〜200台の時代に、なんと300台も生産できるようになった。

1970年には2つ目のコンベアラインも設置。片方のライン上で、組み立て、調整、早送り装置の取り付け、塗装などを行い、もう一方のライン上で、歯車の組み付け、配管、洗浄などの一貫作業を行うことによって、月間450台の旋盤を生産できるようになった。

その後、さらに作業の効率化を図り、ピーク時で月間470台を生産した。この効率化には、特定の工作物を加工するための専用機の開発が必要だった。

「量産化が至上命令となっている時期、オリジナルの専用機の設計を行い、工場の片隅で製作することは、時間的な余裕もなく、苦しい仕事でした。担当者たちは、1カ月も2カ月も会社に泊まり込み、連日徹夜に近い状態で頑張ってくれました。おかげで各種の専用機を機械加工現場に投入でき、これが効率を向上させ加工精度を均一化してくれた。部品の互換性を高めることが、組み立て用にコンベアシステムを導入する大前提であり、機械加工現場の専用機化は、二重、三重に成果が上がりました」

当時副社長で、製造部門を統括していた山崎義彦は語っている。

この時期に同業他社に先駆けてつくった設備機械のひとつに、フォームド砥石によるベッド研削盤がある。機械の上に載せた工作機械のベッドを、砥石を高速回転させて研削加工する機械で、フォームド砥石を採用したベッド研削盤を製造するメーカーは当時国内には1社もなかった。

そのため、アメリカのトムソンやイギリスのスノーなど、外国の有力メーカーから購入しようとしたが、納期が間に合わない。そこで自社で設計し、浦賀重工業に図面を渡して製作した。

設備機械を自社で製作する社内文化はその後も脈々と受け継がれ、のちにコンピュータ制御によるネジ研削盤やレーザー測長機なども自社で製作した。

## 低価格のNC旋盤を開発

「山崎鉄工所・創業満50周年記念パーティー」

1969年5月26日、名古屋国際ホテルの正面玄関に大看板が掲げられた。

1919年、山崎定吉が事業を開始してから50年を祝うパーティーが盛大に行われたのだ。

ゲストはユーザーやディーラーなど約800人。1階のロビーで、誰もが自分の目を疑った。ピカピカのゴールドに輝く鉄の塊が鎮座し、マザックの役員たちとともに彼らを迎えたのだ。

「このキンピカの機械はなんだ？」

「まさか旋盤か？」

大勢が囲む。それは、金箔の化粧を施された旋盤だった。

海外展開をしていたので、パーティーの参加者には外国人も多く、国際色豊かな催しとなった。

「ここにもし父がいたら、どんなに喜んでくれたことか」

エントランスでゲストを迎えながら、照幸は感慨を覚えた。

石川に疎開していたときに名古屋へ戻りたいと直訴した自分を受け入れてくれた父、職人たちを叱咤激励して夜も寝ずに働いていた父、汗まみれのまま桶と手拭いを抱えて閉店直前の銭湯に駆け込んでいた父の姿が、照幸の頭の中によみがえった。

定吉はアメリカの機械専門商社から無理難題を言われて全社を挙げて戦っていたさなか、会社の行く末を案じながらこの世を去った。

「この華やかな会場を親父に見せたかった」

照幸はホテルの窓から名古屋の空を見上げた。

「当社が戦後、普通旋盤の生産を再開した頃は、従業員数約100名、年商2億円程度だった。これが10年後の1969年にはグループ全体の従業員数は1000名を超え、年間の生産高も約80億円に達した。従業員一人ひとりの努力に感謝したい」

翌1970年の社内報『山崎ニュース』の年頭所感で照幸はつづっている。

わずか10年でこれほどの成長を遂げるとは、当事者も含めほとんどの人が予想していなかったのではないだろうか。

マザックの創業から50年の歩みを振り返ると、この会社がなぜたくましく生き残ってこられたのかが見えてくる。

不況をはじめとするアゲンストの風のなかでも、苦しい資金繰りのさなかでも、決して怠らなかったことがふたつある。

ひとつ目は海外進出だ。マーケットを常に国内に限定せず、製品の性能で後れを取っている時代においても、ブランド力がゼロだと分かっていても、はるばる海を渡って自社製品を売りに行った。そこで手にした新しい技術が自社の成長の糧になった。

もうひとつは、オリジナリティのある新しい製品を開発し続けていることだ。アメリカやヨーロッパで自分たちの目で見たものをヒントに、常に日本にない製品をつくろうとしてきた。

一国の市場に依存していなかったため、不況が訪れてもなんとか乗り切り、常に新たな製品を武器にすぐに攻めに転じることができたのだ。

「製品には必ずライフサイクルがある」

「5年先のユーザーニーズを読め！」

照幸はいつも口にして、社内で徹底していた。

だからこそ、全社的に現状の製品に満足することなく、常にまだ見ぬ新しい製品の開発を意識していたのだ。

岩戸景気明けの不況でキャラバン営業を行っていた時期、昭和40年不況で海外営業にさらに力を入れていたときにも、新しい製品の開発には余念がなかった。

その成果を明らかにしたのは、１９６８年10月に東京・晴海で開催された「第４回日本国際工作機械見本市」の会場でのことだった。このイベントで、マザックは初めて、サイズの異なる4台のNC旋盤を出品・展示したのだ。

NC旋盤とは、コンピュータによる数値制御によって、主軸の回転、各軸の移動、工具の選択と交換などをすべて自動で行える旋盤である。

それまでの旋盤は、熟練した職人が勘と経験を頼りに手動で動かしていた。しかし、NC旋盤の登場によって、入力された加工プログラムに従い、自動で部品を削ってくれる。つまり、経験の浅い従業員でも高精度な加工が連続して行える。

しかも、コンピュータの加工プログラムが記録されたテープを保管すれば、同じ条件で同じ品質の部品が何度でも加工できる。

それ以前もNC旋盤はあったが、大学などによる試作機がほとんどだった。

第4回日本国際工作機械見本市には、同業他社によって22台のNC旋盤が出品・展示されている。しかし、そのどれもがマザックのNC旋盤とは価格に開きがあった。

例えばマザックの4機種のうちで、買い頃のマザック・ターニングセンタ1000M形は1台720万円。同クラスの他社製品は1000万円を超えていた。

マザックの製品は必要な機能を満たしながらも、余分な機能は思い切って削り、徹底したコストカットを行ったのだ。アメリカに初めて旋盤を売ったときの苦い体験によって、コストダウンが全製品に行われていた。

低価格化により製品が売れ、それによって量産体制を敷くことができ、社内にプラスのスパイラルが生まれていく。1969年のNC旋盤の年間生産台数は150台。それが翌年の1970年には約300台まで増えた。ただし、需要の中心はまだまだ普通旋盤だった。

従来の普通旋盤は1969年は年産約3600台。翌1970年は約6000台である。

「さらに使いやすく、安価なNC旋盤がほしい」

ユーザーの声は大きく、社内の設計部ではNC旋盤のローコスト化を念頭においた特別プロジェクトがつくられた。

「NC旋盤としての性能を損なわずに500万円台の製品をつくれ」

プロジェクトには具体的な課題も与えられた。

そのひとつの成果がNC旋盤マザックZ形だった。価格は590万円。当時のNC旋盤としては画期的な価格帯だった。

この時期には、アメリカのバーグマスター社との間でデュアルセンタの技術提携も行っている。

デュアルセンタとは、特性の異なるふたつの主軸を持つ世界初のマシニングセンタ。NC装置に入力されたプログラムに従って、それぞれの主軸が刃物を自動で交換しながら、平面を削ったり、穴をあけたりを1台で行うことができる画期的な工作機械だった。

1970年代は旋盤がより高度に、より精密に進化を遂げた時期。だから社内には不安視する意見もあった。

「うっかり手を出すと墓穴を掘ることになりかねないのでは」

「ここで地固めをしてから、先へ進みましょう」

しかし、照幸は積極策を選択した。

「デュアルセンタの製造に取り組んだことが、以降の当社のマシニングセンタ開発の基本コンセプトにつながった」

このようにのちに語っている。

戦後間もない時期に、父・定吉とともに欧米の一流の工作機械を解体し、組み立てる作業を重ねた経験から、バーグマスター社の技術の高さ、機械の精度を信頼していた。自分のジャッジに自信を持っていたのだ。

## ニクソン・ショックにも動揺せず

1971年の日本はニクソン・ショックで大打撃を受けた。

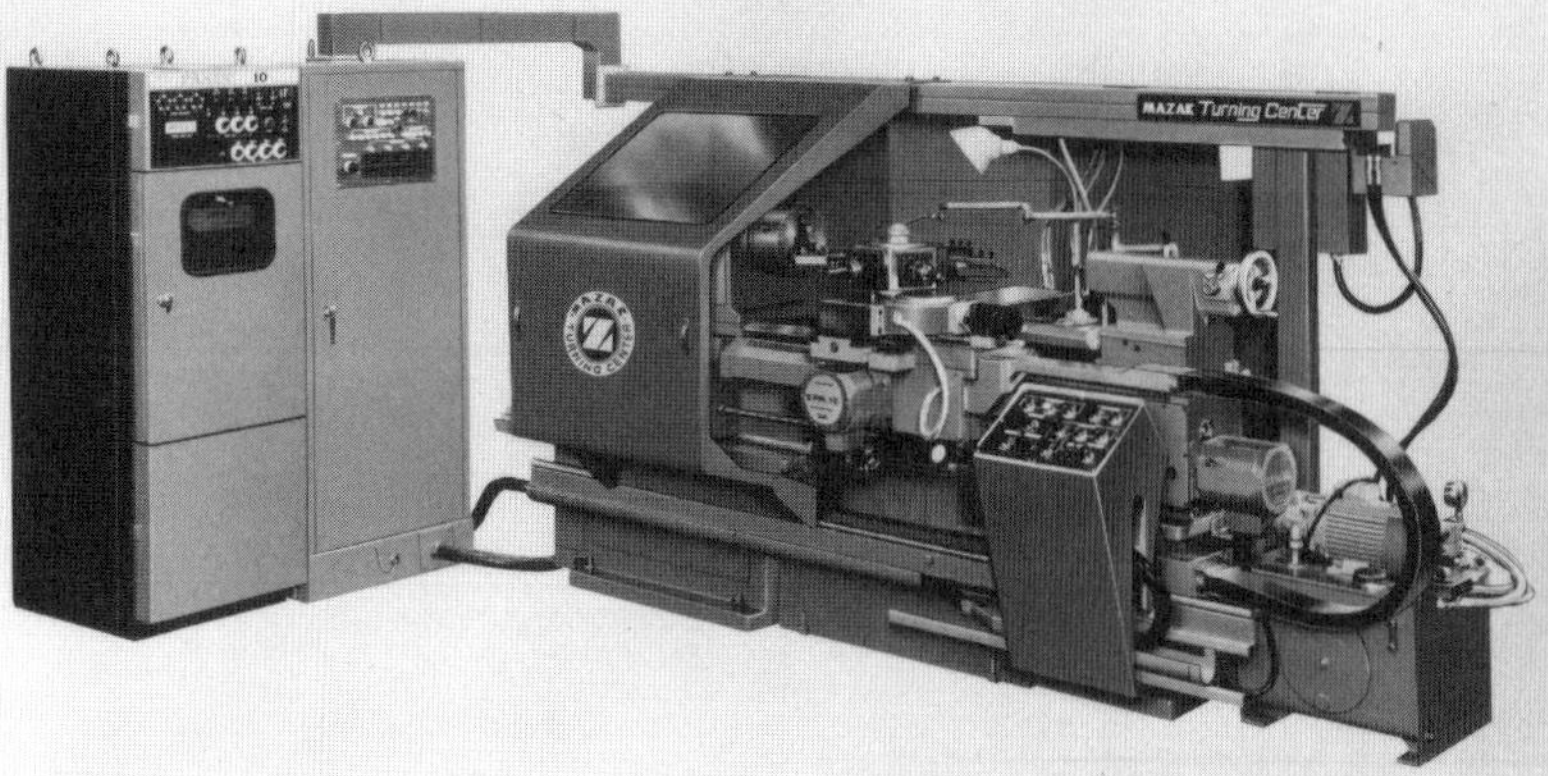


NC旋盤 マザックZ形

DUAL CENTER−600

ニクソン・ショックは、1971年8月15日（日本時間8月16日）の当時のアメリカ大統領、リチャード・ニクソンの声明から端を発した。

「第二次世界大戦が終わったとき、ヨーロッパとアジアの主要工業国の経済は疲弊していた。だから、彼らのために、アメリカは過去25年間にわたり、1430億ドルの対外援助を行った。それは正しかった。今日、彼らは私たちの援助に大きく助けられて、活気を取り戻している。彼らは私たちの強力な競争相手だ。それを私たちは歓迎している。しかし、他国の経済が強くなった今、彼らが世界の自由を守るための負担を公平に分担する時がきた。為替レートを是正して、主要国が等しく競争する時だ。もはや、アメリカが背中で片手を結ばれたまま彼らと競争をする必要はない」

この声明で語っている「為替レートを是正して、主要国が等しく競争する時だ」をニクソンはさっそく行った。ドルと金の交換を停止。10％の輸入課徴金制度を定め、ドル防衛策に舵を切ったのだ。さらに同年12月の「スミソニアン協定」により、1ドル＝360円の固定相場制から変動相場制に移行する。その結果円高が急速に進み、日本は輸出で大きな利益を得ることが困難になった。

この時すでに前年1970年に開催された大阪万国博覧会の反動で、日本の景気は翳りを見せていた。東京オリンピック後と同様の状況が起きたのだ。

ニクソン・ショックと大阪万博後の冷え込みで、工作機械業界も1971年の生産額は対前年比15％減の約２６４４億円。普通旋盤に限ると29％減の３０９億円に落ち込んでいる。

「急激な円高は、対米輸出の多い当社にとって痛手でした」

照幸も頭を抱えた。アメリカの販売価格はドル建てで、円高になると、円換算した日本円の手取りは目減りする。

「こんな値段では、機械の上に札束を置いて売っているようなものだ」

アメリカ駐在の社員に愚痴をこぼした。

ただし、この不況のときに、マザックには同業他社ほど大きな動揺はなかった。前２回の不況時とは違い、国内も海外も販路がかなり確立されていたからだ。ＮＣ旋盤の需要もあり、財務体質が強靭になっていた。

ニクソン・ショック下でも、マザックのＮＣ旋盤の需要が極端に落ちることはなかった。１９７０年代のマザックは、それまでよりはるかにタフな会社に育っていたのだ。

## 無人化工場の実現

１９７５年のある日、照幸はデスクに積まれている書類の一つひとつに目を通していた。そして人件費の明細を見て自分の目を疑った。前年よりも30％も増えていたのだ。もう一度確認する。間違いない。30％増えている。

「このまま放置したら、どこかで経営は破綻する。工場の人員の増加を極力抑えていかなければならない」

はっきりと思った。今いる社員とその家族は大切にする。しかし、今後は必要な部署に必要な数を雇用する、より計画的なものでなくてはならない。それと同時に工場の生産性もより高める必要がある。

そんないきさつで、自分の会社の工場を効率良く稼働させるために開発を始めたのが、FMS（フレキシブル・マニュファクチャリング・システム）だった。

FMSとは、さまざまな異なる部品の加工を段取り替えなしで自動的に対応できるようにした柔軟な製造システムのこと。

複数の機械をコンピュータでつなぎ、空いている機械に加工する金属材料を次から次に投入できるようにしたもので、これにより、例えば午後10時から翌朝6時までの深夜の作業が無人で行えるようになった。

このFMSは発想から実現までに約6年を要した。FMSで無人化した大口工場を公開したのは1981年10月である。

世界初の本格的な無人化工場は世界中に大きな反響を与え、大みそかの民放の『ゆく年くる年』での放送（当時の『ゆく年くる年』は、ＮＨＫと民放各局が放送）をはじめ、イギリスのＢＢＣでの放送、『フィナンシャルタイムズ』紙、アメリカの『ＴＩＭＥ』誌や『ウォールストリートジャーナル』紙、『ニューヨークタイムズ』紙など海外の著名な報道機関が取材した。

「アメリカの上院議員や各種経済団体から、ＰＴＡや婦人会など工作機械とは関係のなさそうな人たちまでが訪れました。なかでも最も切実だったのは、労働者のストライキに悩む国から来た経営者たちです」

照幸は取材で語っている。

「来客用のコーヒー代が月１００万円を超えることもあったけれど、こんな費用は今から考えると安いものです。一般にはなじみのない工作機械が脚光を浴びたのはこれが初めてで、無人化工場によるＰＲ効果は１００億円以上の広告宣伝費に相当すると大手広告会社が試算したほどでした」

翌年も見学者の数は減ることがなく、1年足らずで優に2万人を超えた。

「取材した映像が放映されるとまたまた各地でセンセーションを巻き起こし、海外視察団来日のきっかけとなった。とりわけ8月のアメリカの政財界関係者の本社工場視察の様子は、アメリカの『ウォールストリートジャーナル』にも克明に紹介され、わが社が日本の観光名所のひとつに加えられたということまで書かれた。国内においても然り、工作機械関連業種にとどまらず、あらゆる業種からの問い合わせが相次いだ。完成後あまりの反響の大きさに、一度に受入れができなくなるなどの弊害が早くも出始めたため、受入れ窓口を一本に絞り、専属員を設けて急場をしのがなければならない事態になった。こうして多い日には400人を超す見学者となった」

照幸は、社内報『やまざき』1982年6月号でつづっている。

さらに、このFMSと同じ年に、マザックにはもうひとつ、画期的な開発があった。QUICK TURN（クイックターン）だ。操作盤や位置表示器を一体化してコンパクトにまとめ、従来の半額近い価格のNC旋盤をつくったのだった。

1970年代は普通旋盤が主流で、NC旋盤は高嶺の花。1500～2000万円もした。普通旋盤の市場価格は、老舗メーカーの機械で約600万円。マザックの機械は400万円台でなければ売れず、老舗との差は歴然だった。そこで安価な小型の2軸NC旋盤の開発を計画し、販売価格を老舗の普通旋盤に少し金額を乗せれば購入できる800万円に設定した。

これが町工場の経営者の琴線に触れた。

ＮＣ旋盤の加工プログラムはコンピュータ言語を使用してつくられるため、専門の知識が必要だった。町工場で働くコンピュータ言語など知らない熟練工にとってＮＣ旋盤を扱うことは困難であった。その点クイックターンならば、「マザトロール」と呼ばれる対話式プログラムにより、コンピュータの知識を必要とせず、初心者でもプログラム作成ができ、機械操作も簡単だった。


「オレにも使える！」

「あっという間に加工品ができる！」

「単価の高い短納期の仕事を受注できる！」

評判はまたたく間に口コミで広がり、月産50台の機械に1000台以上の注文が来た。

「マザックがすごい旋盤を開発したらしい」

「1年後でないと手に入らないそうだ。急げ！」

現金を詰めたトランクを抱えたユーザーが本社に直接購入にやってきたほどだ。

「今この場で売ってくれるならば、1割増しで買ってもいい」

そんな客も少なくなかった。常に前金で商売ができた。

そしてこの活況のなか、マザックは岐阜県の美濃加茂市に新たに工場をつくる決断をする。マザックの旗艦工場となる美濃加茂工場だ。第一期工事を終え1983年に稼働を開始した美濃加茂工場は、その後も常に最先端の設備や生産技術を導入し、マザックの成長に重要な役割を果たすことになる。

FMS、そしてクイックターンが生まれ、美濃加茂工場が稼働するなど、1980年代の初めは、マザックの大改革期といっていいだろう。

第二章

# リスクを恐れず、現地に乗り込め

## 満を持してアメリカで現地生産を開始

## ニューヨークに初の海外現地法人設立

1960年代から1970年代、マザックは国内で成果を上げる一方、海外展開も着実に進めていた。

ただし、アメリカで提携していた現地の工作機械専門商社とは1968年3月に袂《たもと》を分かつ。ニクソン・ショックが起きる4年前のことだ。

アメリカの商社との提携はマザックにとって価格的に著しく不利な条件だっただけではなく、どうしても譲れない事情があった。商標についてだ。

マザックの製品は、アメリカ市場では輸入商社のブランドで売られていた。このことはマザックのプライドを著しく傷つけた。照幸はもちろん、従業員のモチベーションも維持できない。

「マザックの製品はMAZAKブランドで売らせてほしい」

照幸は何度も商社に申し入れた。

しかし、商社からの回答は「NO」。まったく検討する気配がなかった。それが契約を解消する最も大きな理由だった。

この当時は日本メーカーが自社ブランドで海外展開を行うハードルは高かった。時代は戦後にさかのぼるが、のちに〝世界のソニー〟といわれたソニーですら1950年代にこの壁にぶつかっている。

ソニーがトランジスタラジオでアメリカ展開を試みた際、性能の良さを認めたアメリカのメーカーから、そのメーカーのブランドで販売するならば10万台を引き受けるという提案があったという。しかし、ソニーは譲らなかった。

苦しいときにでも自分を安売りしない大切さを物語るエピソードだ。

商社との提携の解除について、マザック側は話し合いがこじれることを覚悟した。しかし思いもよらず、先方は契約解除をあっさり受け入れる。両社は穏やかな別れとなった。まだマザックの力、あるいは日本製工作機械を過小評価していたのかもしれない。

アメリカの工作機械専門商社との決別を機に、マザックは1968年7月、アメリカ現地法人、YMC（ヤマザキマシナリーコーポレーション、現マザックコーポレーション）を創設する。

本格的なアメリカ進出の記念すべき第一歩であった。

この時期はまだ、同業他社はアメリカへはほとんど輸出していなかった。

YMCの所在地は、ニューヨーク州ニューヨーク市、ロングアイランド。摩天楼が建ち並ぶマンハッタンとはイーストリバーをはさんで隣に位置する。イーストリバーは、後年、秋元康が歌詞を書き、美空ひばりが歌った名曲「川の流れのように」の舞台になった川だ。

「ニューヨークの拠点は機械のビフォアサービスやアフターサービスを商社任せにしてはいけないという反省からつくりました」

照幸はのちに語っている。

「アメリカの最初の拠点をニューヨークに置いたのは、日系企業の部品倉庫が多かったこともあります。事務所は弁護士と一緒に探して、販売やサービス活動のための移動に便利な地下鉄駅近くを選びました。事務所には機械が2、3台展示できるスペースも設けました」

YMCの立ち上げに尽力した当時の駐在取締役支配人、丹羽哲夫はのちに語っている。

いよいよ本格的な海外展開。しかし、決して華やかなスタートではなかった。

オフィスの面積は約330㎡。従業員はわずか7人。日本人が5人でアメリカ人はふたり。祝いに訪れる人はなく、花も届かない、つつましいスタートだった。

この時点で、アメリカでマザックの存在を知る機械メーカーや機械商社はほとんどなかった。それまでは他社のブランドで販売されていたからだ。

「アメリカの商社を通して販売されていたマザックの旋盤が日本製であることすら、現地市場では認識されていませんでした。ヨーロッパ製と思われていることが分かって愕然としました」

丹羽は語っている。

「Made in Japan＝粗悪品」

それがアメリカでの認識だった。だから、現地商社は日本製という事実を伏せて旋盤を販売していたのだろう。

それを思うと、マザックの海外進出は日本の工作機械業界にとって希望だったともいえる。


1990年のアメリカ映画『バック・トゥ・ザ・フューチャーPART3』に「Made in Japan＝粗悪品」を象徴するシーンがある。舞台は1955年のアメリカのカリフォルニア州、1985年からタイムスリップした主人公のマーティ（マイケル・J・フォックス）と1955年のドクことブラウン博士（クリストファー・ロイド）との会話だ。ふたりはアメリカ車、デロリアン（タイムマシン）を修理中で、故障した部品について話している。

ドク「回路が壊れても不思議じゃない。メイド・イン・ジャパンだぜ」
マーティ「どういう意味だい？　メイド・イン・ジャパンは最高だよ！」
ドク「信じられない！」

1985年から来たマーティにとっては「Made in Japan＝ハイクオリティ」、ところが1955年を生きるドクにとって「Made in Japan」は、粗悪品という認識なのだ。

この間30年で日本製は飛躍的に高性能になり、その事実は世界中に浸透した。1950～1960年代の日本はまだ開発途上国だった。

## 「治に居て乱を忘れず」

アメリカへ進出して、YMCはまず、全米各地で開催される工作機械専門展示会に参加する。自社製品を展示し、積極的にPRを行った。日本の工作機械が優れていることを知ってもらわなくてはいけなかったのだ。

なにもかもが手探りの状況。しかし、展示会への参加、そしてコツコツと行った販売ルート拡大のための営業が予想以上に早く成果を上げる。YMC創業2年目の1969年には月間30万ドルの受注を計上できた。

日本の本社では海外展開への反対意見は多かった。

「苦労の多い輸出になぜ力を入れるんだ？」

「海外へ出荷する余裕があるなら、1台でも多く国内市場へ回してくれ！」

幹部会議でも盛んに議論された。

この時期に至っても、国内に輸出窓口商社を置き、相手国市場に輸入窓口商社あるいは販売代理店を設けるスタイルが日本の工作機械メーカーの主流だった。

理由は主にふたつ。まず、海外マーケティングを展開するほどの人員を割けなかった。もうひとつは、リスクの低減だ。多くのメーカーは海外展開がうまくいかなかったらすぐに撤退できる体制で臨んでいた。

一方、自力で海外市場に進出していくマザックは、リスクもコストも並大抵ではない。勝負だった。つまずいても、そう簡単に引き返すわけにはいかない。

「国内の輸出窓口会社とタイアップする同業他社を見るにつけ、自分たちがなぜこんなに苦労を背負い込んで仕事をしなければならないのか、疑問に思いました」

幹部のひとりは本音を打ち明けている。

しかし、照幸の方針は揺るぎなかった。

「国内市場だけに依存していたら、景気の影響をダイレクトに受ける。たとえ時間がかかっても、輸出市場を育成しなくてはリスクを分散できない」

「他力本願ではことを進められない」

幹部に対しても強く主張した。

工作機械の需要は民間設備投資の動静に大きく影響される。つまり、どうしようもなく景気に影響される。これは工作機械メーカーの宿命といってもいい。

「1年好景気が続いたら、その後3年は不景気が続く」

それが工作機械業界の常識とされていた。

どんなに好景気が続いても、ひと度景気が崩れると、好景気の貯えを一気に吐き出してしまう。マザックも痛いほど体験してきた。

「もう少し枕を高くして経営のできる企業体質に改善強化したいものだ」

照幸はずっと頭を悩ませていたのだ。

こうした工作機械メーカーの宿命にあらがえる手段があるとすれば、そのひとつは海外進出だった。日本が不景気でも、その分を複数の海外の市場でまかなうという考え方だ。リスクの分散はビジネスの原則である。

「市場を世界へ求めることで、需要の安定化を図る」

照幸の方針は明確だった。

本気だった。

「治に居て乱を忘れず」

これは照幸の座右の銘である。中国の『易経・繋辞伝』にある言葉だ。世の中が治まって平和なときでも、常に乱世になったときのことを考えて準備を怠ってはいけない、という教えである。

不況という〝乱〟が去って〝治〟が訪れても、照幸は次の危機に備えて自らを厳しい環境に置き、より強靱になっていく。この生き方はそのままマザックの強靱さにつながった。

照幸はニューヨークにマザックの日本本社の中核をなす幹部クラスを赴かせる判断をする。現地で生の情報を得て、経営戦略に反映させるためだ。

成果を上げるには自らの血を流さなくてはいけない。

この照幸の積極的海外戦略は、主に3つの成果を生んだ。

①需要の安定確保。
②海外市場の特性やニーズの把握。
③グローバルな人材の育成。

アメリカでのこれらの成果により経営の基盤を築くことができれば、ヨーロッパへの展開にもつながっていく。

しかし、アメリカ市場での潤いの時期はつかの間。すぐにピンチはやってきた。

## ケンタッキー移転

マザックが本格的にアメリカに進出した1968年は、アメリカにとって非常に厳しい時代だった。ベトナム戦争が泥沼化していたのだ。

テレビでは戦場の凄絶な場面を放映し、アメリカの各地で反戦運動が起きていた。国民の多くが身内や知人に死者を出して悲しみに暮れていた。また、帰還兵の多くは腕や脚を失ったり、戦場での凄絶な体験からPTSD（心的外傷後ストレス障害）になったり……。仕事はもちろん、それまでは当たり前だと思っていた日常生活も送れない状態で苦しんでいた。

同時期にアフリカ系アメリカ人の暴動も各地で起こり、混乱を収束することができず、リンドン・ジョンソン大統領は次期大統領選挙への出馬を断念する。ジョンソンの次、1969年に大統領に就任したニクソンは〝名誉ある撤退〟をうたい、アメリカ兵を徐々にベトナムから撤退させていった。

1975年まで続いたベトナム戦争で、アメリカは約1500億ドルを費やし、6万人近い犠牲者を出している。

その約10年でアメリカ経済は疲弊した。超大国から大国へと、国力は衰えた。

アメリカの苦しい状況は、当時の映画に顕著に表れている。ベトナム戦争の時期、ハリウッドの大作は激減し、ハッピーエンドの物語も激減した。この時期に流行したのは、いわゆる〝アメリカン・ニューシネマ〟（アメリカでは「New Hollywood」「American New Wave」と呼ばれた）だ。社会体制への反感が、反抗や逃避、自滅する登場人物への共感を生んだ。

コストの掛かるセットを組まずに、ロケ中心のロードムービーの映画が多数つくられた。『俺たちに明日はない』『イージー・ライダー』『明日に向って撃て！』『真夜中のカーボーイ』……など。美男美女の俳優ではなく、ジャック・ニコルソン、ダスティン・ホフマン、アル・パチーノなどの個性派が支持されるようになった。

そして、多くの作品のラストで、主人公は絶命する。暗い映画がアメリカ国民に支持されていたのだ。ハッピーエンドは、当時のアメリカではリアルではなかった。

その過程で１９７１年、経済政策で苦しんだニクソンは「為替レートを是正して、主要国が等しく競争するときだ」という声明を出し、日本経済はニクソン・ショックで苦しむことになる。

経済的にも精神的にも苦しみあえいでいるアメリカで新興のＹＭＣが実績を上げるのは至難の業だ。創業2年目の１９６９年末には売上が右肩下がりになり始める。

「カミソリの刃の上に立つアメリカの工作機械産業」

1969年の『ビジネスウィーク』誌の11月号でも伝えられた。

ところが、アメリカでの展開が比較的順調にスタートしたこともあり、YMCには日本からコンスタントに製品が送られてくる。それらが、1970年に入ると在庫として積み上がっていった。

在庫を一掃するために、照幸はさらに幹部をアメリカに送った。

「在庫を売り尽くすまでは帰国しません」

幹部は覚悟を持って渡米。しかし、なかなか成果は上がらない。

そうしているうちに、日本国内の需要低迷もあり、同業他社もアメリカにマーケットを求め始めた。ベトナム戦争で疲弊して、やせたアメリカの市場で、日本メーカー同士が競合しなくてはいけなくなった。

市場は冷え切っている。小手先の営業などは通用しない。もはや力技で勝負するしかない。

「アメリカ市場でのマザックの灯を消すな！」

照幸は檄を飛ばし、徹底的にきめ細かい営業を辛抱強くくり返した。

ニクソンのいう名誉ある撤退でベトナム戦争は終焉へ向かい、アメリカ経済が少しずつ回復したのは1970年代半ばになってからだった。YMCが累積赤字を解消したのは

1974年だ。

ピンチのあとすぐに反撃に転じるのがマザック。そのタイミングで照幸は反転攻勢、会社のギアをローからハイへ切り替えた。

照幸は手狭になったニューヨークから、ケンタッキー州のフローレンスに本拠を移転させることを決断。工場建設も視野に入れ、広い土地を確保した。敷地面積は2万6400㎡、シンシナティ空港（現シンシナティ・ノーザンケンタッキー国際空港）から車で約20分の好立地を買い求めたのだ。

この時期、日本国内ではNC旋盤が飛ぶように売れていた。それをアメリカでも積極的に売っていきたい。「Made in Japan＝粗悪品」という認識（イメージ）を覆したい。

そのために、もちろんクリアしなければいけない問題は山積していた。それでも、照幸は粘り強く、一つひとつ解決していく。

「アメリカでNC旋盤を販売するにあたっていちばん困ったのは、日本国内で輸出機用のDCモーターが入手できなかったことです。当時、日本のメーカーがつくっていた10馬力程度のDCモーターは、それ自体大きいうえに制御盤のサイズも大きく、価格もアメリカ製の倍以上。NC装置自体も当時はまだ日本のNC装置メーカーのブランドが知られていなくて、アメリカのお客さんからは、ゼネラル・エレクトリックかウェスティングハウスなどアメリカのブランドのNC装置にしてくれというリクエストが強かった。そこで、DCモーターもNC装置も現地で購入して組み立てることにしました」

ケンタッキー移転時の事情を照幸は語っている。

「それがアメリカ工場建設の原点です。ニューヨークの狭い場所ではそれができませんから、アメリカの工作機械産業のメッカであるオハイオ州シンシナティに進出しようと考えたのです。でも最終的には、オハイオ川を挟んだ向かい側のケンタッキー州に決めました」

基本は攻めの姿勢。しかし、コストもしっかりと意識した。

丹羽も現場の目線で次のように語っている。

「シンシナティにはシンシナティ・ミラクロンなどアメリカの大手工作機械メーカーが工場を構えていたので、外注加工先やエンジニア、工場従業員の確保などが容易だと考えました。しかし、シンシナティは地価が高く、空港までの時間もかかりました。そこで、土地も安く、オハイオ州シンシナティよりも空港に近いケンタッキー州側に進出することを決めたのです。空港近くに土地を確保した狙いは、営業マンが販売のためにアメリカ国内の各都市へ移動する際に便利なことと、アメリカ全土からお客様が商談や工場および実機見学などで工場へ来てもらうときにできるだけ短時間で来られるようにと考えたからで

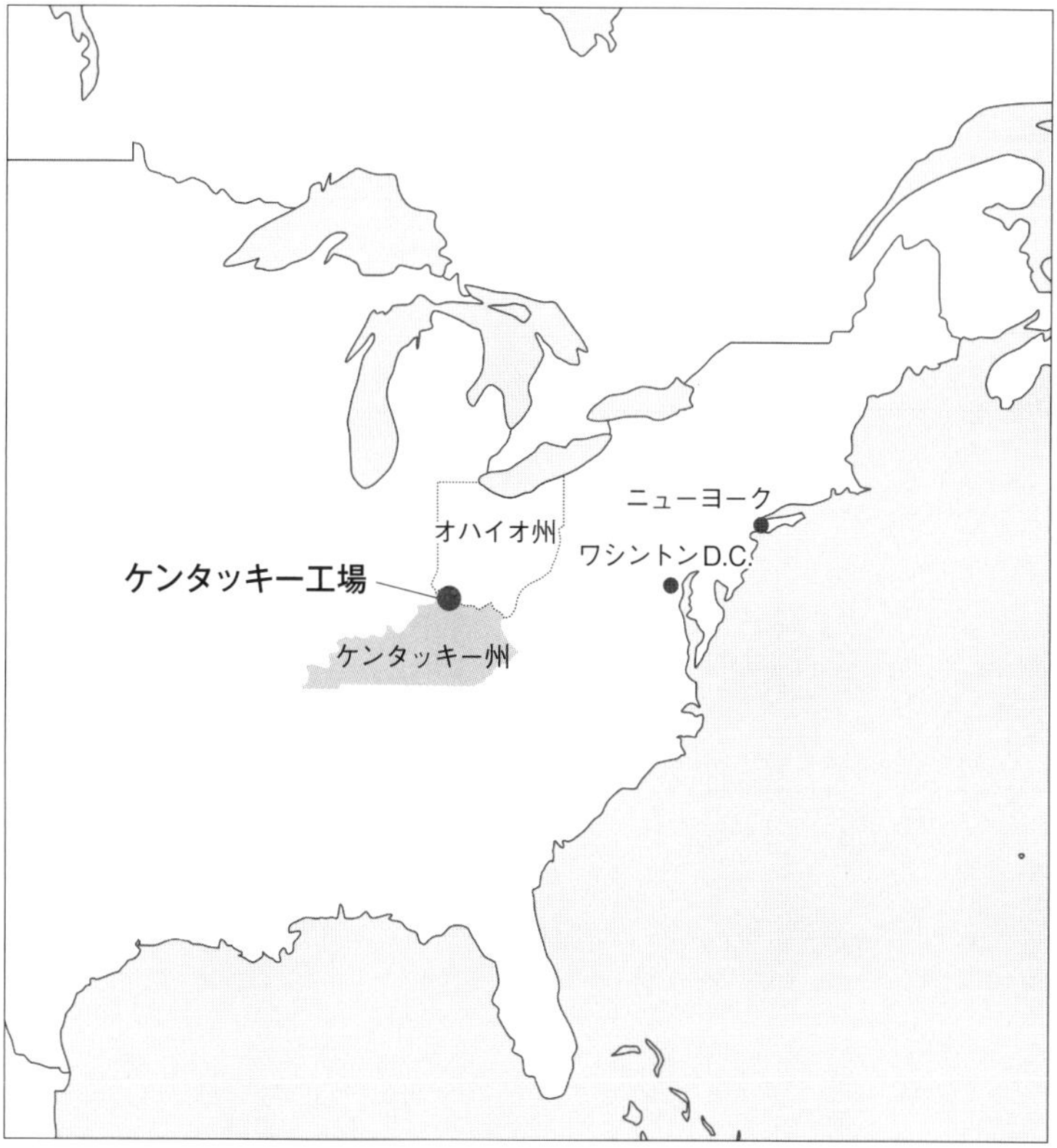
ニューヨーク
オハイオ州
ワシントンD.C.
ケンタッキー工場
ケンタッキー州

す」

アメリカでの工場進出についても、社内で反対意見はあった。

「物価も賃金も高いアメリカになぜ工場をつくるのか」

正論である。

しかし、この時も照幸の意志は固かった。長いスパンで会社を俯瞰し、自分の決断に自信を持っていた。

「あの決断は結果的にアメリカでの販売に大きく貢献しました。のちに工作機械の対米輸出自主規制があったときも、それまで相当数現地生産していたのでうまく対応できました」

1974年に稼働したケンタッキー工場は、その後1983年に本格的な無人化工場が完成し、その完成披露が同年4月27日と28日に行われた。招待客は2日で2000人。ケンタッキー州知事のジョン・Y・ブラウン・ジュニアも駆けつけた。

「こんなすばらしい無人化工場を見たのは初めてであり、もしこのような設備が州都フランクフォートにできたとしたら、仕事がはかどってしょうがない」

そんなスピーチをしてゲストたちをなごませたうえでこう続けた。

「マザックがケンタッキー州の多くの人に仕事を与え、良い製品を次々につくり出し、発

設立当時のケンタッキー工場

展していくことは大歓迎であり、ケンタッキー州の発展にも大いに寄与します」

感謝の意を込め称賛したのだ。

ジョン・Y・ブラウン・ジュニアは、1979年にケンタッキー州の州知事になった人物。しかし、実は経済界での業績にこそ目を見張るものがある。日本にも1000店舗以上（2019年現在）あるKFC（ケンタッキーフライドチキン）を世界的な外食産業チェーンに育てたのが彼だった。

ブラウンは1964年にKFCの創設者、カーネル・ハーランド・サンダースから200万ドルでKFCを買収し、全米にチェーン展開した。日本でもなじみのある赤と白のブランドカラーを世界に浸透させたのもブラウンだ。そんな世界的な実業家がマザックを歓迎した。

## 現地主義

ケンタッキー工場を建設している1980年前後は、日本経済全体が飛躍した時期だ。この時期の日米の経済を象徴する本がある。1979年にアメリカの社会学者のエズラ・ヴォーゲルが出した『ジャパン・アズ・ナンバーワン』だ。この本は日米でベストセラーになった。

そこには、戦後の焼け野原から高度経済成長を経て経済大国に成長した日本経済について書かれている。日本はなぜ急激な成長を遂げたのか、アメリカ人は日本人から何を学ぶべきか、学習能力、読書の習慣、数学の能力などについて具体的に記されていた。

「Made in Japan＝粗悪品」の時代は去り、いよいよ「Made in Japan＝ハイクオリティ」の時代が訪れていた。日本にとっては名誉なことである。しかし、今度は世界各国が日本への警戒を強めるようになった。

１９８０年代はソニーやトヨタ、パナソニックなどがアメリカ市場を席巻していたからだ。

バブル景気に沸きに沸いた１９８０年代後半の日本は際限なく海外に投資し、海外に市場を求めた。その最も顕著な例のひとつが自動車産業だ。トヨタ、日産、ホンダなどは、低価格で高性能で低燃費の車をどんどん海外へ輸出した。

「日本車は故障しない」

その認識が世界中に浸透した。

それによってダイレクトにダメージを受けたのがアメリカ、ミシガン州最大の都市、GM（ゼネラル・モーターズ）、フォード、クライスラーの〝アメリカ車ビッグ３〟が工場を構えていたデトロイトだ。

デトロイトは１９５０年代の最盛期の人口である１８０万人の約半数が、自動車産業に従事していたことから、〝モーター・シティ〟といわれていた。しかし、１９８０年代には日本車の台頭でアメリカ車が売れなくなり、自動車産業に従事していた人の多くが職を失った。街には失業者が溢れ、治安が悪化。その状況はすさまじく、〝殺人都市〟といわれるほど犯罪が横行。わずかな距離でも徒歩では危険なので、タクシーに乗らなくてはいけないほどになった。

そういう時代背景で、アメリカは自動車や電化製品をはじめ、優れた日本製品に対してたいへんな脅威を感じていた。

その状況は、工作機械に対しても同様だった。NC旋盤をはじめ、いよいよ低価格で高性能の機械を増産する日本に対して、強い危機感を覚えた。実際に、１９８５年には、アメリカは工作機械の多くを輸入に頼っていたのだ。

「ものづくりの根幹を支える工作機械を外国に依存していては、アメリカの工業力が落ちてしまう」

「これ以上日本の工作機械を輸入するな」

「工作機械業界を自動車業界の二の舞にするな」

そういった声がアメリカ国内で上がり始め、どんどん拡大していった。

その渦中、アメリカの工作機械業界関係者が日本の通産省を調査に訪れる。

「日本の工作機械業界団体に通産省所管の競輪団体から補助金が出ているのはフェアではない」

アメリカの調査チームは指摘してきた。

そんなことをよその国に指摘される筋合いはない。しかし、通産省はアメリカ側の意向を汲み、対アメリカ輸出を自主規制する方針を明らかにした。

自主規制といっても、輸出には通産省の許可が必要だった。

その時点では、マザックにはまだ余裕はあった。競合他社と違い、輸出に依存せず、すでに現地工場で製品をつくり始めていたからだ。ケンタッキーの工場では、現地採用のアメリカ人従業員が働いている。アメリカ国内で雇用も生んでいた。

ところが、ケンタッキー工場にも大統領府に設けられた通商交渉機関、USTR（アメリカ合衆国通商代表部）の検査官がやってきた。

「この部品はどこでつくったのか？」

検査官は厳しい目で、原産地をチェックした。

「アメリカ国内で生産する部品もあれば、日本から取り寄せている部品もあります」

マザック側はありのまま答えるしかない。

「主要部品が日本からの輸入では、現地生産とは見なさない」

厳しい指摘だった。工作機械のすべての部品を高価なアメリカ製にすれば、全体のコストはかさむ。

だからといって、製品の単価を上げれば、アメリカの企業は買わなくなるだろう。なんのために現地の工場でつくっているのか分からない。

それでも、アメリカでビジネスを継続・展開するには、USTRに従うしかなかった。

「苦労して開拓したアメリカ市場です。思い切って多額のコストを掛けて最新設備を投入して、現地での部品生産比率を上げました」

照幸は新聞の取材で吐露している。

ただ、この思い切った決断はアメリカのメディアの間では評価された。MC（マザックコーポレーション／1982年にYMCから社名変更）は1988年度「全米最優秀企業賞トップ10」に選ばれたのだ。

そのトップ10には、IBM、GM、ゼネラル・エレクトリック、アップル・コンピュータなど、アメリカを代表する企業が名を連ねていた。アメリカ以外の企業はMCだけだった。

この時期のMCの販売・サービス会社社長で、後年マザックの社長、会長を歴任する山崎智久は、現地で日本とのスピード感の違いを肌で感じていた。

新機種の開発を例に挙げると、日本では「どの仕様にするか」「何台売れるか」など、各部門で議論を重ね、100％に近い確実性を持って開発がスタートする。開発のスピードは多少鈍るが、失敗は最小限に抑えられる。

しかし、アメリカでのスピード感はまったく違った。そのうえ、自動車、航空機、医療、エネルギー、建設機械、家電……などあらゆる産業、あらゆる製品に対応しなければならない。

さらに、アメリカ全土に散在する営業マンから、新機種の要望が次々と届く。顧客のほとんどは短期間で成果を求め「日本のお客様ほどには待ってはくれない」（アメリカ現地法人・松波一成上級副社長）。

開発など社内各部門で意見を調整しているうちに受注を取り逃したこともあった。

アメリカでは、確実性の検証よりも、意思決定の速さに重きをおく必要がある。そもそも、ビジネスのうえで100％の確証などあり得ないし、失敗したら軌道修正すればいい、という考え方が主流だ。

「日本とアメリカでは文化が違う」

智久は痛感した。

そして、決断した。

「私の後任はアメリカ人に任せる」

調整を重んじる日本人のやり方では、アメリカで成果を上げるのは難しいと判断したのだ。

海外現地法人のトップには現地の人材を起用するというこの決断は、その後、マザックの世界各地の拠点で行われることになる。

「海外展開で成果を上げるには、すべてを日本式でやろうとしないことが大切です。現地の文化を重んじたうえで日本のいいところを上手に活かさなくては、海外では成功できません。現地で〝日本から来た会社〟と思われるのではなく〝私たちの街の会社〟と思われるように努めなくてはいけない」

のちにマザック本社の社長になった智久は、海外で事業展開するための信条を語っている。

日本の企業だからといって日本式の経営に徹するのではなく、現地の企業として現地の空気に、現地で暮らす人々に溶け込む。この「現地主義」はマザックで脈々と受け継がれていった。

# 第四章

# 〝鉄の女〟サッチャーからのラブコール

## イギリス工場建設、ヨーロッパ市場を深耕

## 思いもよらぬイギリスからの誘致

1974年にアメリカのケンタッキー工場が稼働し、マザックは世界展開の次の拠点として、ヨーロッパでの工場建設を模索していた。

ヨーロッパといっても、もちろん一括りにはできない。多くの国々は地続きだが、文化や言葉はまったく違う。そんななかで、どの国に拠点を置けばいいのか――。立地、コスト、行政、税金、治安、そこに住む人の性質や仕事と向き合う姿勢……など、あらゆる条件から検討を重ね、しかし、決めかねていた。

「候補地としては、ドイツとイギリスとオランダを検討していました。しかし、どこも一長一短で絞り切れていない状況でした」

照幸は取材に答えている。

工業における労働者のスキルやモチベーションの高さで判断するならばドイツだろう。アメリカ同様英語でビジネスを行えることを優先させるならばイギリスだ。

オランダの経済大臣がやってきたときに、1ギルダーで工場と約250人の従業員を買ってほしいという申し出もあった。

ギルダーは、オランダが欧州統一通貨ユーロを導入する前の通貨。円に換算すると1ギルダーは100円以下。つまり、タダ同然で従業員ごと工場を譲るというオファーだった。

しかし、工場建設はコストが掛からなければいいというわけではない。それに、企業のカラーがすでにあるだろう。新しい工場は、できればまっさらな状態からスタートしたい。

マザックが本格的にヨーロッパへの輸出を検討するまでの道は、もちろん平坦ではなかった。マザックが最初にヨーロッパに目を向けたのは、多くの日本企業が昭和40年不況にあえぐ直前、1964年だった。

照幸をはじめ営業チームは製品カタログと会社案内書をぎっしり詰めたトランクを持ってセールス行脚を行っている。

「アメリカで売れるのだからヨーロッパでも売れないはずがない」

自信を持って出掛けていった。ところがアメリカ同様、当時はヨーロッパでも「Made in Japan＝粗悪品」と思われていた時代。難航した。

フランスでは「われわれの国に日本産のワインを買ってくれ、と言っているのと同じだ」と言われたことはすでに書いたとおりである。それでもマザックは引き下がらず、粘り強く営業を行った。

ヨーロッパに最初の駐在員事務所を置いたのは1970年。ドイツ西部、ライン川河畔の街、デュッセルドルフだ。

この街の北東にはルール工業地帯がある。1950年代までドイツ（当時は西ドイツ）の重工業を牽引した地域。工作機械の販売拠点としては好条件だった。交通路に恵まれていることから、さまざまな業種の大きな見本市が開催され、金融やファッションの街でもある。

1971年、マザックはヨーロッパで一国一代理店制度を始め、販売拠点を増やしていく。1975年にはベルギーに欧州現地法人を設置した。

イギリスでもフランスでもなくベルギーに欧州で最初の現地法人を設置したことには理由があった。オランダとフランス、ドイツに囲まれるベルギーは、多言語国家である。オランダ語、フランス語、ドイツ語が公用語であり、英語も広く使われている。諸外国に対して比較的開かれた土地なので、ビジネスを展開しやすい。

また、首都のブリュッセルは、アントワープにも近い。現地の人がオランダ語で「アントウェルペン」というアントワープは、ヨーロッパの代表的な港町で輸出入の拠点だ。このようにEU間の取引や日本からの輸入に好立地のため、ブリュッセルにはEU本部をはじめ国際機関も多く〝EUの首都〟ともいわれている。

しかし、工場建設となると、販売拠点と同じように判断するわけにはいかない。なにしろ現地での雇用数は販売拠点とは比較にならない。行政ともいい関係を築かなければならない。それに一度建設したら、何十年とその地に根付く覚悟がいる。マザックはなかなか判断できずにいた。

そんな折、外務省から思いもよらぬ連絡が来る。

「サッチャーから、イギリス国内にマザックの工場を建設してほしいという依頼があった。工場の建設を検討してほしい」

サッチャーとは、当時のイギリスの首相であるマーガレット・ヒルダ・サッチャー。イギリスで初めての女性の首相である。

彼女はその強靭な政治姿勢と意志から、〝Iron Lady〟、つまり〝鉄の女〟といわれた。皮肉を込めて形容された呼び名だったにもかかわらず、サッチャー自身が気に入り、自他ともに認める鉄の女となった。

「リーダーは好かれなくていい。ただし、尊敬されなくてはならない」

彼女は明言している。

外務省から聞かされたサッチャーからのこの突然の連絡は、照幸にはにわかに信じ難かった。

## 「英国病」からの脱却

そもそも、なぜサッチャーが日本の工作機械メーカーを知ることになったのか。きっかけは、1981年の世界初の無人化工場の報道だった。

無人化工場の完成は世界中にアナウンスされた。アメリカの『TIME』誌や『ウォールストリートジャーナル』紙とともに、イギリスのBBC放送や『フィナンシャルタイムズ』紙も取材に訪れている。これらの報道を通じて、サッチャーはマザックに注目したのだ。

イギリスでは政府が推し進めた産業の国有化により、1960年代から経済成長率が低下、財政は赤字へと転落していた。特に1970年代になると、多くの労働者を抱えていた製造業は労使紛争に加えて外国製品の輸入が活発化したことで、壊滅的な状況となっていた。慢性的な経済の低迷と国民の勤労意欲の低下は、諸外国から「英国病」と揶揄されていた。

1979年に政権を獲得したサッチャーはその「英国病」からの脱却に向けて、経済対策を推進。新自由主義に基づいた「サッチャリズム」を展開した。電気、水道、ガス、航空などといった国営産業を民営化し、規制緩和を進めた。一方で日本の消費税に当たる付加価値税について、贅沢品と一般品の税率を一律としたことにより、実質増税とみなされ、国民の批判の的になった。これによりサッチャーの支持率は著しく低下した。

そんななか起きたのが、1982年に南大西洋地域にあるイギリス領、フォークランド諸島におけるアルゼンチンとの戦争、フォークランド紛争だった。

1833年以降イギリスが実効支配していたが、かつて領有権を持っていたスペインから独立したアルゼンチンとの領土争いが勃発した。

当時のアルゼンチンは反政府運動が激化、経済危機に陥っていた。国民の支持を取り返したいアルゼンチン政府は、国民の不満を内政からそらすため、フォークランドの領有権を主張した。

フォークランドのサウス・ジョージア島に上陸したアルゼンチン軍に対し、サッチャーは一歩も引かなかった。アルゼンチンと不仲なチリの協力を得て情報戦でも優位に立ち、アルゼンチンを撃破。この勝利によって、サッチャーは国内で起きていた批判も一蹴。フォークランド紛争の勝利によってサッチャーの支持率はぐんと上がった。

国民からの支持を取り戻したサッチャーは経済対策を加速させる。そのひとつが海外企業の誘致だった。サッチャーは就任以来、雇用の創出と産業の活性化を目的に、外国資本に対する規制緩和を実施。海外企業の進出を受け入れていた。なかでも優れた経営・生産ノウハウを自国に定着させるため、日系メーカーの誘致に積極的だった。

サッチャーは1982年に来日し、自動車メーカーをはじめとする日本企業のイギリスへの投資を日本政府に依頼。そのひとつが日産自動車であり、当時の日産自動車の経営陣と接触の場も持っている。交渉の末、日産自動車は1984年2月に英国政府と公式合意。イギリス国内に大規模な生産拠点を建設することになった。これが現在の日産サンダーランド工場である。

サッチャーの日系メーカー誘致は自動車産業以外にも及んでおり、工作機械産業もそのひとつだった。

1984年6月のロンドン・サミット直後、当時の日本の首相である中曽根康弘とサッチャーとの日英首脳会談が行われた。その会談のなかで、イギリス側がマザックの工場建設を求めたのだ。

さまざまな産業の源流に位置する工作機械を自国で生産することは、国全体の工業力の底上げにつながる。産業革命をおこしたイギリスは、かつては優れた工作機械を数多く生産した国である。マザックの最先端の工場を誘致することで、英国工作機械産業の復活をもサッチャーは期待したのかもしれない。

## ドイツ、フランスの猛反発

イギリスからの工場誘致はマザックにとって渡りに船だった。しかも、耳を疑うほどの好条件を提示された。工場建設にはイギリス政府からは補助金が出るというのだ。さっそくイギリスとの交渉を本格的にスタートする。

日英トップ会談がきっかけということもあり、最初は話し合いがスムーズに進んでいく。

交渉がどんどん具体化してなお、イギリスの提案は破格だった。

「工場に設置する機械の費用の半分を負担しましょう」

そこまで言ってくれた。あまりの好条件に、日本の当時の通産省に報告しても、にわかには信用されないほどだった。

「減税や低金利での融資なら分かるが、補助金なんてあるわけがない」

通産省の役人は笑い飛ばした。しかし、イギリスは積極的で、1984年12月、マザックはイギリス政府と調印した。

ところが、マザックに予想していなかった逆風が吹く。ドイツやフランスから猛抗議が始まったのだ。

「日系企業の誘致に巨額の補助金を出すのはフェアではない！」

ヨーロッパ各国の新聞が批判した。

そもそもヨーロッパは排他的。他国の企業を受け入れる文化が希薄だ。特にドイツの同業他社からの反発は強く、マザックの製品の不買運動も起きかねない状況になった。

ドイツは自動車メーカーをはじめ、〝Buy German〟の志向が強い。自国の工業製品にプライドと自信を持っているせいもあるが、いかなるときもドイツ製を優先する。実際にマザックはドイツへの輸出で苦戦を強いられてきた。これ以上の反発は避けたい。

照幸はイギリスでの工場建設を諦めかけた。イギリスの意思を優先させることによってほかのヨーロッパの国々にそっぽを向かれたら、マイナスのほうが大きいと判断した。

「イギリス進出は断念する」

ついにイギリス政府に照幸が意思を伝えると、マザックとの窓口になっている官僚は青ざめた。

「それは困る。批判はこちらでなんとか退ける」

そう返答してきた。

イギリス政府はいったいどんな手段を講じるのだろう――。マザック側はとりあえず静観した。

すると、ほどなくして、サッチャーが、ヨーロッパ各国の世論に対して、とどめを刺した。

「無人化した工作機械工場の進出ならば、どこの国の企業でもイギリスは補助します」

この発言によって、批判は鎮静化する。

当時、ヨーロッパのどのメーカーもマザックのような無人化工場をつくることができなかった。各国ともサッチャーに反論する手立てを持たなかったのだ。

こうして、イギリスのウースター市に工場の建設が始まった。

## ウースター工場竣工

「ウースターはイギリス工作機械工業発祥の地のひとつです。しかし今日、往年の力は失われて、新しい刺激を必要としております。照幸社長！　どうかウースターを再び先端技術に溢れた工作機械づくりの街にしてください」

1987年6月15日に行われた竣工式で、イギリスの元エネルギー大臣、ピーター・ウォーカーが約600人のゲストを前にして祝辞を述べた。

マザックのイギリス現地法人、YMUK（ヤマザキマシナリーUK、現ヤマザキマザックUK）が日本の工作機械メーカーとして初の現地工場をイギリスのウースターシャー州、ウースター市で稼働させるのだ。

ロンドンから北西へ約180キロにあるウースターは、ウースターソース発祥の地。一説によると、1800年代の初め、この地で暮らす主婦が余った食材と調味料を一緒に保存していたら、さらさらしたソースになっていた。それがウースターソースの始まりだったという。

そんなソースの街で、この日はマザックのウースター工場のオープニングパーティーが行われた。

「私たちの街の誇りは、これまではロイヤルウースターの陶器とウースターソースでしたが、ここにヤマザキマザックの最新鋭CIM工場が加わりました」

ウースター市の市長も祝辞を述べ、大きな拍手で沸いた。

CIMとは「Computer Integrated Manufacturing」の略。CIM工場は、生産システム全体がコンピュータで管理され、最小限の人間で稼働できる工場のことだ。マザックのウースター工場は、当時の工場の概念をはるかに超えていた。まさしくサッチャーが求めていた工場だ。セレモニーに訪れたイギリス政府および財界の要人、大学・研究機関の関係者、ヨーロッパ各国の工作機械業界首脳などを驚愕させた。

「正面玄関を入ると、真新しいホテルのロビーを訪れたかのような感じを受ける。明るく、空調の効いた建物。そのなかに造られた日本庭園――。受付ロビーの向こうにはマ

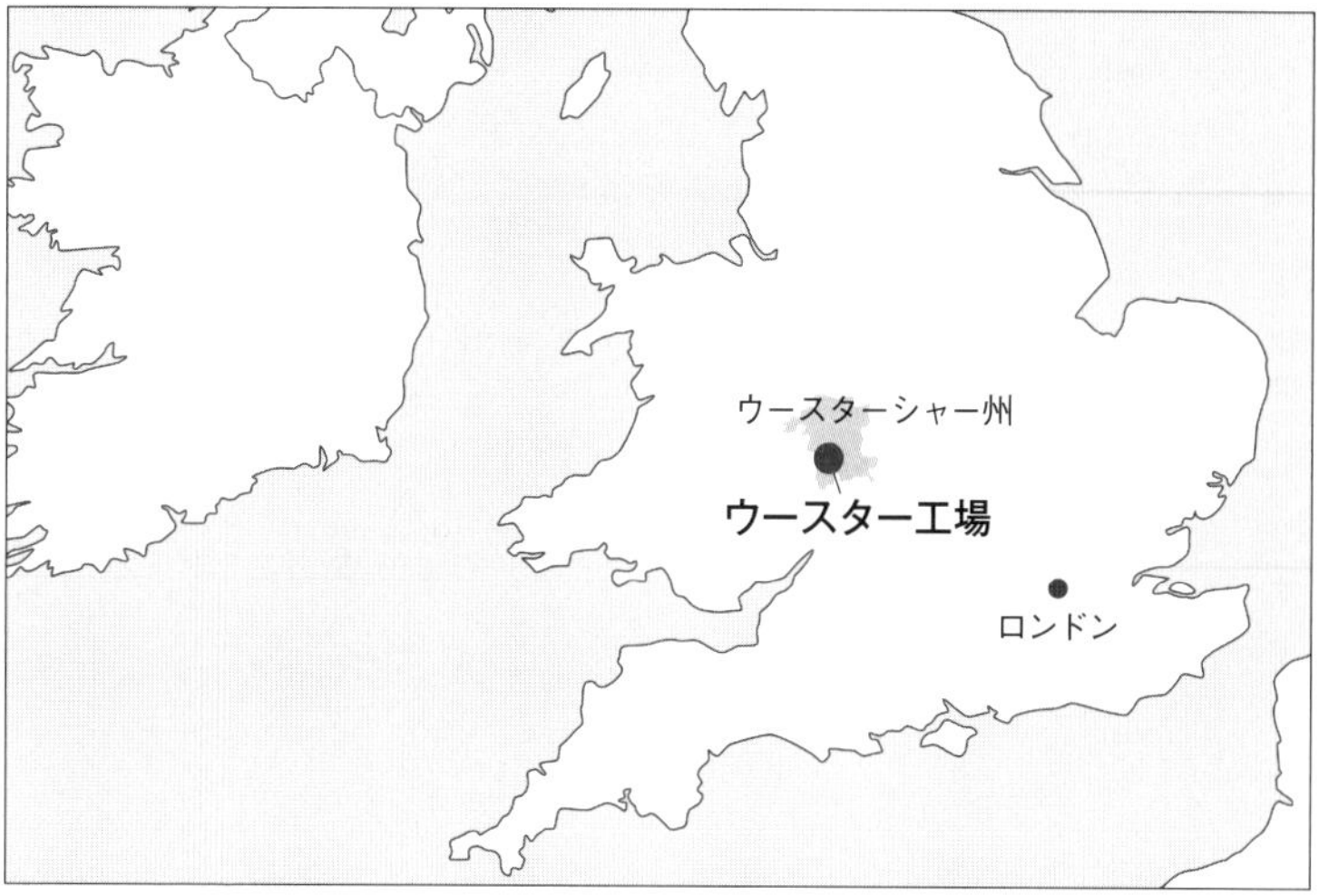


ザック製品群を展示したショールームがある。まるで高級乗用車が置かれているような趣だ」

ＳＭＥ（国際生産技術者協会）が発行する専門誌『Manufacturing Engineering』1988年3月号に記されている。

ウースター工場の敷地面積は６万㎡。竣工時の建物総面積は約１万６５００㎡。総投資額は83億円。

このウースター工場の竣工によって、マザックの日本、アメリカ、イギリスの３カ国で工場が稼働。これによって年間生産能力１５００億円の体制となった。

「３カ国の生産拠点が常にフル稼働することは理想に違いない。しかし、世界の工作機械の需要は起伏が激しい。市場動向を的確に把握しながら、必要に応じて生産調整のつまみを回し、市場における無用な競争を極力避けたい。私たちが構築してきた自動化工場には、そうした経営的柔軟性が備わっていることも大きな特徴のひとつであり、同時に将来3カ国の生産拠点間で生産機種分野を調整し、相互に製品を輸出入する時代を迎えるだろう」

このような考えを照幸は明確にした。

日本国内の景気だけに経営を委ねない、リスクを分散する全世界的な企業にいよいよ育っていったのだ。

また、マザックはアメリカ同様、ヨーロッパ各国の現地法人のトップも、日本人ではなく、その国の人材を登用した。

その人事に関わったのがのちに専務取締役になる中島信之だった。

中島は1979年に別の機械メーカーからマザックに転職。そして入社して数日でベルギー駐在の辞令があり土地勘もなく言葉もできないままブリュッセルへ赴任し、8年6カ月、マザックのヨーロッパでの事業展開を牽引した。

「ヨーロッパ各国はほとんど地続きですけれど、文化がまるで違う。そういう環境で、各現地法人のトップは他国と協力し合いながらビジネスを展開しなくてはいけません。だからこそ、柔軟性のある人材を常に探していました」

ひと口にヨーロッパといっても、国によってまったく文化が違い、考え方が違い、産業が違い、求められる工作機械も違ってくる。各国の細かいリクエストに対応するためにも、市場に適した現地のトップをおくという判断がヨーロッパでの展開を円滑にした。「現地の文化を重んじつつ、日本のいいところを上手に活かす」ということを常に徹底していた。

## 英国女王賞を2度受賞

「高度な技術を持つマザックのイギリス進出と成功は、喜びであり、イギリスの経済と社会に大きく貢献している」

これは2007年にYMUKが英国女王賞を受賞したときの当時のグレアム・フライ駐日大使の言葉である。

1965年に創設された英国女王賞は「国際貿易」「イノベーション」「持続的発展」の3部門がある。イギリスの首相による推薦のもと、エリザベス女王が授与する賞だ。

マザックは1992年にもこの賞を受賞。2度目の栄冠に輝いたことになる。

受賞にあたっては、対外輸出の実績が評価された。

マザックのイギリス現地法人の売上の大半は、ヨーロッパ圏への輸出。その主要市場は、ドイツやイタリア、フランスなど西ヨーロッパだったが、２００４年にチェコのプラハに開設した販売会社が東ヨーロッパへの輸出実績を積んだことが2度目の受賞において注目された。日本で生まれた企業でありながら、マザックはイギリスの輸出拡大に貢献したのだ。

そして、輸出の拡大に伴って、ウースター工場の生産設備を拡張。月産約１３０台の工作機械を生産していた。

「私たちの輸出実績に対して贈られた今回の英国女王賞は、すべてのスタッフの日頃の努力へのプレゼントです。私たちは、過去3年間で輸出を53％増加させた実績に誇りを持っています」

当時イギリス現地法人の社長を務めていたデイヴィッド・ジャックはコメントしている。

「また、ウースターにある私たちの工場は、年間１５００台以上の工作機械が製造される場としてだけではなく、〝実加工を見学できるショールーム〟として、毎年１０００人以上の海外からのお客様を魅了しています。過去20年間、ウースター工場への継続的な投資を行ってきました。ウースター工場は単なる部品を組み立てる場所ではなく、鋳造部品な

英国女王賞

ウースター工場を訪れたチャールズ皇太子（2013）

どの主要部品は工場内で加工され、板金部品のレーザー加工や溶接も行われる、本格的な生産工場です」

このような内容を日本人ではなくイギリス人のトップであるジャックがコメントしていることが、現地ではより説得力を増した。

「受賞は光栄であり、イギリスでの生産開始20周年に花を添える二重の喜びです」

2001年にマザック本社の代表取締役社長に就任していた智久もはっきりと述べている。

「Together- Success（トゥゲザー・サクセス）の精神でイギリスの工作機械メーカーとして成長してきた結果です」

〝Together-Success〟とは「みんな一緒に成功をおさめる」という意味の標語だ。ウースター工場の操業開始時に副社長であったジョン・マウンドが提唱し、世界中のマザックグループ各社に浸透した。Together-Successの間にあるハイフンは、人々の結び付きを表している。マザックも、顧客も、そのほかの関係者も、ともに働き、ともに喜び、ともに成長し、ともに成功する。いくつもの願いが込められている。

この〝Together-Success〟、そして日本の工作機械メーカーではなく「イギリスの工作機械メーカー」と智久が明言していることが、まさに海外におけるマザックの信条だ。日本から出掛けていっているのではなく〝イギリスの会社〟としてイギリス人と同じ方向を見てビジョンを共有する。20年間歩んできた成果のひとつが英国女王賞だった。

この英国女王賞は、それ以前にほかの日系企業も受賞しているが、工作機械メーカーとしては、マザックが初めてだった。

ウースター工場のスタート以降、マザックとイギリス政府は確実に信頼関係を築いてきた。

時を経て2013年6月、ウースター工場をチャールズ皇太子が訪問している。

さまざまな業界の若い技術者たちの育成について高い関心を持つ皇太子が、視察先としてマザックのウースター工場を選んだのだった。工作機械をイギリスからヨーロッパ各国に輸出し、イギリスの輸出拡大に貢献していること、そしてイギリス人を中心に約500人の従業員が働き雇用を生んでいることに注目した。

「マザックのような高い技術を持つ会社がイギリスに投資してくれたことを感謝します」

工場に到着するなり皇太子は述べた。

この時は、マザックの工作機械で加工された船舶用のプロペラ、F1レーシングマシンの部品などが展示されたショールームを見学。マザックの技術者は、5軸制御工作機械での人工骨の加工を実演した。皇太子は作業を行っている若い従業員と直接会話を交わした。

「皇太子がとても気さくに話しかけてくださったことに感銘を受けました。従業員の士気も上がるはず。感謝しています」

欧州本部の当時の副総支配人、山崎裕幸は語っている。

「チャールズ皇太子にご訪問いただいたことは私たちにとって、たいへん光栄なこと。チャールズ皇太子の若者の育成についてのお考えは、未来の優秀なエンジニアを育成するという私たちの企業理念とまさしく一致している。今回の工場ツアーを通して、私たちの最先端の設備と若い技術者の育成プログラムにたいへん感銘を受けておられた」

皇太子に応対した当時の総支配人、マーカス・バートンもコメントしている。

ヨーロッパの市場、そして文化に、マザックはしっかりと根付いていった。

第五章

# 江沢民もうならせた中国〝小巨人〟工場

## 急速に成長拡大するアジア市場を開拓

## シンガポールを拠点にアジアを攻略

アメリカ、ヨーロッパに続いてマザックはアジアのマーケットにも本格的に展開する。1992年、シンガポール工場（ヤマザキマザック シンガポールPTE., LTD.）を竣工した。

シンガポールに拠点を置いた背景には、ASEAN（東南アジア諸国連合）の発展があった。1967年に、シンガポール、インドネシア、タイ、フィリピン、マレーシアの5カ国で結成したASEANは、1980年代に入り、急速に経済成長を遂げていた。なかでもシンガポールとタイの躍進が目立っている。

シンガポールは1970年代に、電機や電子部品の分野を中心に輸出を発展させ、高度経済成長期を迎えていた。ただし、資本や技術はアメリカや日本の企業に依存。そこに低コストの自国の労働力を活用した。

しかし1979年、産業構造の高度化に方向転換を図る。労働コストの低い周囲のASEAN諸国との競争関係が強まってきたためである。この資本力・技術力を向上させる政策が成果を上げ、1980年代にシンガポールは国力を増し、ASEANの中核となった。マザックはそこに注目し、ASEAN諸国へ展開する拠点として工場の建設地に選んだのだ。

シンガポールが自由貿易に積極的な国であることにも、マザックは魅力を感じた。１９９２年にＡＳＥＡＮ諸国はＡＦＴＡ（ＡＳＥＡＮ自由貿易協定）を締結している。ＡＳＥＡＮ諸国内での貿易の自由化を目指すのが目的だ。そして経済を活性化させ、発展させるために関税を引き下げた。

その後も、２０００年にニュージーランド、２００２年には日本とＥＦＴＡ（欧州自由貿易連合）加盟国、２００３年にオーストラリアとアメリカ、２００４年にヨルダン、２００６年にインド、チリ、ブルネイ、韓国、パナマ、カタールなど、ＡＳＥＡＮ以外の国々とも猛烈な勢いでＦＴＡ（自由貿易協定）を締結させていく。

この時もマザックには先見の明があった。１９９２年にシンガポールに拠点を置いたことによって、広く世界に展開できたのだ。

## 国ごとに異なるアジアのビジネス事情

シンガポールでは主に、アジア各国で需要の多い小型のＮＣ旋盤とマシニングセンタを生産した。インド、タイ、マレーシアはもとより、日本、アメリカ、ヨーロッパなど世界中へ製品を輸出した。

「生産の拠点をシンガポールに置いてからは、アジアの周辺国に一国ずつ販売の現地法人を立ち上げていきました」

そう語るのは2002年からシンガポールに赴任して現地で采配をした鬼頭俊充だ。鬼頭はアメリカの現地法人で実績を上げ、シンガポールに赴任した。

「東南アジアといっても、一括りにはできません。国によって文化が違えば、宗教も違い、経済事情も違い、倫理観も違います。それぞれに合わせること、意識を切り替えることには神経を使いました。シンガポールは東京23区くらいの面積の小さな国ではあるものの、おそらく一般的な日本人が持っているイメージよりもはるかに先進国です。ジェットエンジンなど航空機のパーツをつくるための工作機械などがよく売れます。一方、バイクの需要の多いタイやインドネシアでは二輪車のパーツをつくる工作機械が売れます。国によって、あるいは地域によって、経済の成熟度が明らかに違いました」

当然、ビジネストークも異なる。

「例えばインドでの価格交渉は持久戦です。先方は粘って粘って粘り続ける。なにしろ人口約13億人の国ですから、人と時間はあり余っています。こちらが3人で臨むと、向こうは15人で来て、全員がいつまでも値引き交渉をしてきます。それでも根負けせずに話し合いを進めなくてはいけません。諦めたらその時点で負けです」

シンガポールに赴任した鬼頭は、販売だけではなく、従業員の確保にも頭を悩ませた。

「ほとんどの国でごく当たり前のようにジョブホッピングが行われます」

ジョブホッピング――、つまり、条件のいい職場があればすぐに転職し、それをくり返す。自分を少しでも高く買ってくれる会社に移るのは当然、という考え方だ。日本的な義理人情は通用しない。

「雇用して4、5年経験を積み、いよいよ戦力として計算できるようになると、他社に引き抜かれて転職してしまいます。製品を売ったら、その会社に技術者を引き抜かれたこともありました。常時メンテナンスができるスタッフが欲しかったのでしょう」

引き抜く会社にも引き抜かれていく人間にも悪気はない。日本とは文化が違うだけだ。

「だから転職した先の会社の経営が傾くと、悪気もなく、また雇ってくれと言ってきます。日本人の感覚だと許せないけれど、こちらも人材は必要なので、受け入れる。そういう社会に慣れるまでに、やはり時間はかかりましたね」

このようにして、1990年代に東南アジアでのビジネスを軌道に乗せ、その経験を蓄積させて、いよいよマザックはアジア最大の面積と人口を持つ中国へと進出していく。

## 中国小巨人工場操業

2000年1月、小巨人工場（寧夏小巨人机床有限公司）立ち上げのために中国西北部、寧夏回族自治区銀川市に赴いていた松宮文昭は、現地の中国人トップが社員たちを前に話した言葉に目頭を熱くした。

「日本人は私たちと友達であり、この小巨人を中国ナンバー1の工作機械会社にするために来てくれました。両国の歴史問題などは私たちには関係ありません。忘れてください」

はっきりと言ったのだ。

そんなふうに思ってくれていたのか――。

感極まった。

銀川は中国の奥地。広大な中国の西北部に位置する標高1100mの町だ。1月の平均気温は零下7度以下。赴任した時期は寒波に襲われ、マイナス30度まで冷え込んでいた。涙も鼻水も氷柱になるほどだ。

その極寒の地で中国人社員たちは、日本の会社で、日本から来た自分と力を合わせてやっていこうとしてくれている。

「この土地で、この人たちと頑張ってみよう」

決意をした瞬間だった。

そもそも、マザックはなぜ、北京でも上海でもなく、中国の内陸の銀川に工場を建設したのか。そこにはもちろん理由があった。

アメリカ、イギリス、シンガポールに続き、マザックが新規工場建設を目指していたのが、広大な土地に人口が13億人になろうとしていた中国だった。

この時期アジアでは、シンガポール工場がすでに稼働していた。ただし、同じアジアでも、エリアも異なり文化も異なる中国のフォローまでは難しい。

「マーケットが巨大で潜在需要が大きい中国になんとか進出したい」

「最も需要が期待できる小型の工作機械を中国国内で量産・販売したい」

その思いは強かった。

しかし、一筋縄ではいかない。アメリカやヨーロッパ諸国とは異なり、外国資本100%の企業は認められないことをはじめ、いくつものハードルを越えなければならなかった。

中国へ進出するにはどうすればいいのか――。

1990年代の中国は、いわゆる〝洋〟が一気に流入した時代。北京や上海のような都市部には外資が入り、新しいホテルが建ち始め、洋風の高層マンションが急増した。自転車や馬に引かれた荷車をベンツやBMWが抜き去っていく状況だった。

公衆トイレにはボックスや扉がなく丸見え状態。しかし、外資系ホテルや新築マンションのトイレは清潔で、欧米や日本と変わらない。街の中に先進国と開発途上国が混在。その状況が1990年代の市場経済化が加速する中国を象徴していた。都市部と農村部との貧富の格差が加速しているときだ。

そんな時期、マザックに吉報が入る。

「当社と一緒に中国で工作機械を生産できないだろうか」

当時マザックが製品に使用する鋳物を購入していた長城須崎鋳造股分有限公司の親会社、長城機器集団公司から打診があったのだ。中国が外資を受け入れる空気になっていたからこその申し出である。

長城須崎鋳造股分有限公司は、モンゴルに近い中国内陸部に位置する寧夏回族自治区銀川市にあり、当時は日本の鋳造メーカーとの技術提携により工作機械の製造で重要な要素となる鋳物の製造ノウハウを蓄積し、マザックとも10年以上の取引歴があった。

寧夏回族自治区全体の面積は約6万6400㎢。日本の東北地方6県を合わせたくらいだ。そこに約700万人の人が暮らしている（2019年現在）。黄河が悠々と流れ、沿岸に銀川をはじめ都市が集まっている。黄河によって文化も物資も運ばれ、中国の内陸部のなかでは、インフラの整備が進んだ地域だった。

また、近くをシルクロードが通っていることもあり、トルコ、ペルシャ、アラブなど、さまざまな血が混ざり、さらに近隣のモンゴルに侵略された歴史もある。そもそも回族とはイスラム教を信仰する少数部族である。古くから多くの異文化を受け入れて独自の文化を形成してきた土地だからこそ、日本の企業も比較的受け入れやすいのではないか。希望が感じられる土地だった。長城機器集団公司とマザックは、合弁に向けて話し合いが進んだ。

しかし、マザックには懸念があった。過去に中国の工作機械メーカーとの技術提携を行った際に、製品や生産に対する両国の考え方の違いなどの経験をしていたのだ。

そのため、長城機器集団公司と合弁関係を結ぶことには、慎重に話し合いを重ねた。そして決断。そのジャッジは吉と出た。

「中国への進出が成功した一番の要因は、合弁パートナーに恵まれたことです。結婚と同じで、パートナー選びはたがいに50％の責任があり、その良し悪しが企業の将来を左右します。相手側は、厳しい経営理念のもとに着実な成長を遂げてきた企業で、経営感覚に優れているだけでなく、立場を認め合える企業でした」

国や人が違えば必ず意見の相違はある。

「それでも、会社を良くしようという共通の目的のためたがいに一致点を見つけようと努力したこと、中国人と正面から向き合い、真剣に格闘したことが、成功につながったと思います。中国とともにやっていくと決めた以上、兄弟みたいな存在として彼らを大事に、仕事では厳しく教育する、そうすると一体感を持つことができると思います」

松宮はのちに語っている。

そんないきさつから、一般的な進出先として選ばれる沿岸地域ではなく、合弁相手先の長城機器集団公司があるモンゴルに近い内陸部に新工場をつくる選択をした。地元政府も企業誘致に積極的かつ協力的だったこともあり、工場はスムーズに建設できた。

「従業員を確保する面でも、アドバンテージを感じていました。この地域には製造業が少ない。つまり競合他社がない。一度入社したら離職率が低いと考えたのです」

従業員については、マザックはシンガポールで何度も悔しい思いを体験してきた。経験を積み戦力になると、ジョブホッピングで競合他社に引き抜かれてしまった。

しかし中国では、思ったとおりにことは進んだ。

日本からの従業員は4人。現地では新卒の大学生や専門学校生を採用した。全員、4カ月間の座学と現場実習を行い、生産に対する考え方やものづくりの手法について徹底的に教育を施した。

人材確保についてはさらに幸運があった。

2000年の稼働当時は銀川で優秀な人材が見つからなくて、約800キロ離れた西安周辺の出身者を多く採用した。これが良かった。現地社員の人事担当者が各地を歩き回り、西安にある高専へ出向いたところ、優れた人材を20人ほど採用することができたのだ。その後、常にその高専を卒業した社員が出向いて、新しい人材を探している。

「多くの先輩がいるので安心してもらえて、優秀な人材を継続的に採用できるルートを築けました。これが、その後会社が大きく伸びた理由でもあります。西安人は根気よく仕事をする気質で、熟練が要求されるものづくりに適していると思います」

このように松宮は振り返っている。

## 江沢民来訪

「工場はショールーム」

これは、マザックの工場建設と運営に関する基本的な考えであり、小巨人工場においても操業開始時からの合言葉となっている。

製品をつくるだけではなく、顧客に最新設備の工場を見てもらうことで製品の販売につなげることも大きな目的のひとつとして掲げた。

２０００年6月には、当時の中華人民共和国のトップ、江沢民国家主席も来訪している。

「すごい工場だ！」

江沢民は感嘆の声を上げたという。

「内陸部に最新の自動化設備を持つ工場ができたことは中国にとって喜ばしい」

小巨人工場でコメントした。決してお世辞ではなく、本心からの発言だろう。その証拠に、20分を予定していた訪問は大幅に延長され、40分の滞在になった。

人口13億人の国のトップがマザックを歓迎したことには理由があった。江沢民が推し進めていた西部大開発政策に、マザックの中国進出がぴたりとはまったのだ。

当時の中国は、江沢民の前任、鄧小平の経済政策によって北京や上海をはじめとする東部沿岸部が急速に発展していた。それによって国家経済は急成長した。しかし同時に、沿岸部と内陸部の大きな経済格差が生じ、国の問題となっていた。

江沢民の西部大開発は、寧夏回族自治区、青海省、四川省など内陸部の発展を促す政策。寧夏回族自治区銀川市にできた新しい産業を生み雇用も生む小巨人工場を江沢民は大歓迎したのだ。

ところで、マザックはなぜ工場名を〝小巨人〟としたのか——。

そこには「小さな会社でたくさんの機械を生産し、地域や業界に大きな影響を与えられるようなたくましい会社でありたい」という思いが込められている。

設立当初の目標は、月産35台（年間420台）の工場を135人で運営することだった。その頃の中国は国営企業が多く、何万人もの従業員を抱える巨大企業がほとんど。しかし、外様のマザックはそんなにたくさん人間を抱えることはできない。しかし成果はきっちりと上げなくてはいけない。

当時、照幸はこのように語っている。

「中国の寧夏、昔は西夏と呼ばれていたところですが、そこにFMS工場をつくりました。現在、中国には従業員が1万人以上もいる工作機械工場が何カ所かあるのですが、それでも月産は数十台なのです。だから私どもは、この新工場に〝小巨人〟という名を付けました。つまり、従業員は少数でも生産力は巨大だという意味です。その後、江沢民主席が視察に見えました。あの方は交通大学を出た機械技術者だそうで、いろいろ専門的な質問をされたそうです。そもそも外国メーカーで、中国で最初に工作機械をつくったのは当社です。1970年代後半には、現地メーカーと技術提携して汎用旋盤を生産し、毎月数十台輸入したこともあります。そのような縁で中国政府の協力もあって、やっと完成しました。このFMS工場は、規模は小さいが最新鋭設備を持つ工場です」

〝小巨人〟には少数精鋭の意味が込められていたのだ。

ただし、マザックの強みであり、江沢民も称えた自動化工場は、2000年当時の従業員には必ずしも歓迎されなかった。

「私たちは自動でなく手動で操作します」

そんな発言をする従業員が少なくなかったのだ。

「従業員をたくさん雇っている会社こそいい会社」

堂々と言ってくる従業員もいた。その考えは年々変化していくが、当時の中国はまだそういう社会だった。

## 中国人従業員とのコミュニケーション

中国で中国人とともに働き、成果を上げるには、アメリカやヨーロッパとは別のコミュニケーション能力がいる。会社も大きな家族だと思って従業員と接することが、中国では大切だ。

「いいことがあっても、良くないことがあっても、とにかく何かがあれば、みんなで一緒に食事をすることが重要です。そして、乾杯します。従業員は家族という意識ですから」

松宮は言う。

「乾杯！」

大きな声で叫んでみんなでグラスを上げれば、かなりのことは解決するし、分かり合えた。

職場では、日常の宴会だけでなく、運動会や忘年会などの行事は絶対にやらなくてはならない。

「運動会は部署対抗です。地元の高校のグラウンドを借りて、本気で走り、本気で跳びます。全従業員が名誉をかけて戦います」

2月の旧正月前に行う忘年会も必須。

忘年会は、酒が好きな中国人が、この時は酒なしで、やはり部署対抗で催しを行う。2

カ月前から準備を始め、合唱あり、ダンスあり。審査員が評価して、会社は賞金を用意する。運動会同様、全員が本気だ。

会社の宴会で、松宮がソロで歌う社員を募ったことがある。

「到《はい》！」

「到！」

「唄《うたう》！」

「到！」

「唄！」

そこにいるほとんどが手を挙げて立ち上がり、収拾がつかなくなった。松宮はびっくりした。日本ではめったに見られない光景だ。

この積極性がそのまま職場で発揮されたら。さらに従業員全員がこの勢いで同じ方向に向かって努力をしたら。それを思うとわくわくした。

小巨人工場を操業した当初、中国人は個人主義でチームワークの概念が希薄という懸念もあった。しかし、実際に一緒に働くとまったく問題はなかった。

「中国人は思っていたよりもずっと義理人情に厚い。初対面のときは少し冷たく感じるかもしれませんが、一度親しくなると、身内のような関係になります。また、現地に赴くまでは他民族の広大な地域ごとに異なる言語が使われていると思っていましたが、北京語でかなりの意思は通じることが分かり、ほっとしました」

中国の最初の生産拠点を寧夏回族自治区の銀川に置いたことはおおむね成功だった。マザックの発展とともに街そのものも発展した。

工場建設当初は周りに何もなかったが、現在は一流ホテルが次々と建ち、工場を拡張する余地がまったくなくなった。特に交通網の進歩が著しい。もともと黄河沿岸に道路が通り、内モンゴル自治区の包頭と甘粛省の蘭州を結ぶ鉄道、包蘭線が南北に貫いていたが、1997年には銀川市内の河東空港が改装されて広くなり、北京、上海、香港だけでなく東南アジアへの路線も充実した。現在は市内を巡る地下鉄、銀川軌道交通が計画中だ。

そして2001年12月、中華人民共和国は自由貿易の推進を目的とするWTO（世界貿易機関）に加盟した。貿易におけるWTOの三大原則は、自由（関税の軽減、原則的に数量を限定しない）、無差別、多角的貿易体制だ。いよいよ中国も自由貿易へと舵を切ったのだ。

## 大連で遼寧工場操業

２０１３年、マザックにとって５つ目の海外工場が中国の大連に誕生した。ヤマザキマザック遼寧工場（山崎馬扎克机床遼寧有限公司）だ。

「日本を含め、世界各地から引き合いがあります。全世界に目を向けます」

５月13日の開業式典で山崎馬扎克机床遼寧有限公司の総経理（現中国統括会社総裁）である董庆富は宣言した。

遼寧工場は生産能力増大に加え、製品レンジの拡大を図るために建設した。急激に拡大する中国需要に対応するためだ。

大連市を選んだ理由は、まず、機械工業の集積地として、中国国内の企業だけでなく多数の外資系企業が進出していることだった。

自動車、ＩＴ関連を中心に工業地区は拡大している。また、大連港とは至近距離にあり、製品や部品の輸出入にも便利だ。さらに、機械工業の集積地のため工業高校や専門学校も多く、工場従業員も確保しやすく、給与レベルも上海に比べると割安でもある。

中国東部沿岸、遼東半島最南部に位置する大連市の面積は約１万２６００㎢。人口は約６００万人。西北は渤海、東南は黄海が広がる。広大でありながら海に面している街がごくわずかしかない中国にとっては貴重な港町だ。しかも、仙台とほぼ同じ緯度にある大連の港は不凍港。深さは最大33ｍある自然の良港で、大きな船も入ることができる。市内にある大連周水子国際空港は、国内だけでなく、成田やソウルとも結んでいる。

大連にはあちこちにかつての日本の面影が残っている。かつて、日本が租借権を持つ街だったからだ。

日露戦争中の１９０４年、日本軍はこの街に無血入城。翌１９０５年のポーツマス条約によって日本の土地となった。日本海に面した大連を貿易の街として発展させようと、関東都督府と南満州鉄道によってインフラも整備された。

日本には、当時の大連を舞台にした歌がいくつもある。松任谷由実の「大連慕情」やサザンオールスターズの「流れる雲を追いかけて」などだ。「大連慕情」には、主人公の父親がかつて暮らした大連を訪れる物語がつづられる。「流れる雲を追いかけて」では、その地で離ればなれになった男女の恋が描かれている。

大連は、歌詞の舞台になるほど、海の青、山の緑に恵まれた、情緒豊かな街なのだ。

「北方の明珠《めいしゅ》」

このように古くから中国の人たちに称えられてきた。

現在の大連駅駅舎も日本統治時代の１９３７年に造られたもの。その周辺の街並みもほぼ当時のまま。

遼寧工場

そういう土地だから、東芝、キヤノン、YKK、セイコー、TOTO、オムロン、グンゼなど、多くの日本企業がある。生活する人たちも日本を身近に感じている。

そんな日本と所縁のある土地に、海外で5つ目のマザックの工場が稼働を始め、会社の体質はさらに強くなった。

小巨人工場の経験と実績もあり、遼寧工場の建設、人材確保、運営はスムーズに進んだ。

現在、大連の渤海の埋立地に新空港、金州湾国際空港が建設中。この空港が完成すると、さらに海外との交通の便が良くなる。遼寧工場の役割は増すはずだ。

中国で最初の生産拠点、小巨人工場はほぼ中国国内のマーケットのみをイメージしてつくられた。一方、大連の遼寧工場は中国以外のマーケットへの輸出も意図してつくられた。

「今年中にはほかのアジア諸国、ヨーロッパ、南米などへの輸出も始めたい」

遼寧工場の操業開始にあたって、当時副社長で中国市場を担当していた現副会長の清水紀彦は語った。

例えば、トルコの工作機械市場は低価格の台湾のメーカーが強く、日本の各メーカーは苦戦していた。しかし、遼寧工場からの輸出ならば、コスト面でも台湾メーカーに対抗できる。

また、日本への逆輸入にも地理的・コスト的に適している。人件費の安い大連で製品をつくれば、国内市場でも有利に戦える。

実際に、マザックは2013年に日本、2014年にトルコを皮切りにヨーロッパへの輸出・販売をスタートした。

工作機械における中国マーケットは今や世界の最重要エリアのひとつだ。

2018年の世界の工作機械の生産額は947億ドル。前年比4・7%増だ。そして、その24・8%に当たる約235億ドルが中国で生産されている（米国ガードナー・インテリジェンス社調べ）。その国にマザックはふたつの工場を築き、中国の製造業の発展を支えてきた。

2019年現在、ふたつの工場を合わせた生産能力は月産300台以上。2000年の小巨人工場稼働以来約5000社に計約2万5000台の工作機械を出荷している。

2007年からはマザック日本本社の生産関係者が視察団を組織して、中国の2工場に見学に出掛けている。そして、中国工場の現場力や活力に舌を巻いて帰国している。

中国人は家族を重んじ、社員同士を家族だと感じて働く。その体質が工場内にも浸透しているのだ。上司と部下の絆、仲間意識の強さが仕事に反映され、成果を上げているのだ。日本人の強みであったはずのチームワーク、団結心を再び呼び覚ます活動が必要と感じて帰国したのだ。

日本、アメリカ、イギリス、シンガポール、中国の各工場が、それぞれの情報を共有し、おたがいの成功体験から学び、切磋琢磨することによって、成果を上げる体制ができ上がった。

# 第六章

# 業界の先駆者が挑む

## 世界の工作機械市場をリードする革新的な技術開発

## 世界初の対話型NC装置、マザトロール開発

マザックは積極的な海外戦略で成長を果たしてきたが、それを支えているのは、圧倒的な製品開発力だ。顧客主義を貫く営業戦略と、時代のニーズをすばやくつかんだ製品開発が各時代で噛み合ってきたからこそ、マザックはグローバル企業として成長することができたのだ。

「世の中にないものは自分でつくる」

創業者の山崎定吉の強い意志は、今日に至るまでマザックのDNAとして脈々と引き継がれている。マザックが、世にないものを生み出し、業界を席巻した製品のひとつが、1981年に発表したマザトロールだ。

マザトロールは、対話型NC（Numerical Control＝数値制御）装置で従来プログラミングが必要なNC装置を誰もが操作できるようにした画期的な製品だった。競合各社との差別化によるシェア拡大に貢献したという意味でも、マザトロールの誕生はマザックの歴史のなかでも重要な転換点となった。

NC装置とは工作機械を動かすための頭脳であり、司令塔といっていい。NC装置の登

場により工作機械の動きを数値で制御し、人の手では不可能な1000分の1ミリ単位の精密な加工が容易にできるようになった。

NC装置を搭載した工作機械がアメリカで誕生したのは1950年代。その後、ヨーロッパ、日本と各国のメーカーが追従し、1970年頃から世界的に普及し始めていた。ただし、初期のNC装置は高額だった。そのうえ、コンピュータ言語の理解が必要であり、コンピュータに精通している技術者だけが操作できた。

「求む！　NCプログラマー。高給待遇！」

そんな求人が、町工場がひしめく東京・大田区あたりでは目立っていた。参考までに述べるが、〝ものづくりのまち〟として発展してきた大田区には、2020年時点でも、約3500の中小工場がある（大田区役所調べ）。削る、磨く、成形する……といった金属加工の工場が集積。工作機械メーカーにとっては、重要なマーケットであり続けている。ただし、1970年代は、高額であり専門的なスキルのある人材が必要なNC装置付き工作機械は大手企業でなければ手が出せなかった。町工場にとっては高嶺の花だったのだ。

工作機械のユーザーのほとんどは中小企業、いわゆる〝町工場〟だ。1970年代には家族数人で経営をしている零細企業も少なくなかった。

規模の小さな会社にとっては設備投資のための資金調達は困難だ。ようやく導入に踏み切っても果たしてそれだけの投資に見合う利益が出せるのか。

さらにはNC工作機械を操作するにはプログラミングの知識が必要となる。その人材はどうするのか。新しい設備の導入には多大なリスクが伴う。購入にはかなりの覚悟が必要だった。

そのため、時代の流れとともにより精密な加工が要求されるようになり、NC工作機械は必要不可欠と理解されていたが、導入に踏み切れない会社がたくさんあった。

その状況に注目したのが、マザックだった。

「誰でも操作できるNC装置を搭載し、安価な工作機械をつくれば必ずヒットする！」

そこでマザックが考えたのが、対話型のプログラム入力である。NC装置が加工に必要な情報をQ&A形式で作業者に問い掛けてくるというものだ。これは、現在のスマートフォン、パソコンのプリンタ、タブレットの初期設定のようなシステムだ。操作画面上で設定の手順を分かりやすく案内してくれるので、コンピュータを作動させるプログラミングの知識はいらない。ただし、そのようなNC装置を開発するのは、もちろん簡単ではない。当時のマザックにはNC装置の開発ノウハウがなかった。

その時代、NC装置の専門メーカーが存在し、そこから、マザックをはじめ工作機械各社はNC装置を調達し工作機械に組み込んでいた。

そこでマザックは三菱電機とパートナーシップを結び、対話型NC装置の共同開発に取り組むことにする。キックオフは1980年5月。両社の技術チームが連日、昼夜を問わず、開発に打ち込んだ。

その結果1981年に対話型NC装置のマザトロールが誕生した。そして、マザトロールを搭載したNC旋盤こそが、第二章でも紹介した、1000台もの注文が殺到した大ヒット製品、クイックターンである。つまり、スタートして1年足らずで完成までこぎつけたのだった。マザックと三菱電機、2社の技術がいかに高いレベルだったのかを示している。

「素人でも扱えるNC装置——山崎鉄工所が開発」

新聞紙上に見出しが躍った。

実際にマザトロールの操作は簡単だ。素材の形状と、加工してつくりたい完成品の形状を対話式で入力すれば、プログラミングは完了。かつてのNC装置のように、三角関数を用いて工具の経路を計算しなくても加工プログラムを作成することができる。

それが、使用する側にとって、現実的にどれほどありがたいことなのか——。

1981年5月26日にマザック本社で行われた新製品発表会では、多くのマスコミ関係者が驚き、目を見張ることになる。

マザトロールの操作性を理解してもらうためには、体験してもらうことがいちばんいい。そのためマザックは、参加者に実際に試してもらうパフォーマンスを行うことにした。取材で訪れた新聞記者に、その場でプログラムを組んでもらったのだ。

プログラミングには無縁である新聞記者が、加工図面を見ながらNC装置の画面に表示されるメッセージに応えて入力していく……。

半信半疑の記者がマザック社員の「それでは加工してみましょう」の声に促され、恐る恐るスタートボタンを押した。

すると工作機械がスムーズに動き出し、数分後、加工が完了。加工品を目の前にした記者たちの驚愕の声が会場に響いた。

工作機械には無縁の人間でも直感的に操作できる。まさに、当時はまだ「この世になかった」ものをつくり上げた。

ちなみにその3年後、スティーブ・ジョブズがマッキントッシュの初号機を発表している。今でこそ、ユーザビリティを重視した製品は数々開発されているが、マザトロールは当時としては時代の先を行く夢のＮＣ装置だったのだ。

## 社内ニーズから生まれた複合加工機

マザトロールが搭載されたクイックターンは、ユーザーのニーズに応えて生まれた工作機械だった。その一方で、マザックの社内のニーズから生まれた工作機械もある。そのひとつが複合加工機だ。

あえて述べるが、ヤマザキマザックは工作機械メーカー。工作機械をつくっている。その工作機械をつくるための機械や設備も必要だ。つまり、自社製品も自社製品を用いてつくらなくてはならないという特殊な環境にある。だからこそ生まれた、つまり社内のニーズから生まれたのが複合加工機だ。

複合加工機とは、ＮＣ旋盤とマシニングセンタ、両方の機能を併せ持つ工作機械。旋削加工、ミル加工（穴あけやフライス加工）など、さまざまな切削機能が搭載されているので、一台で複雑な形状の加工ができる。

さまざまな切削機能を一台にまとめることによって、部品加工のリードタイムの短縮、工作機械の設備台数を減らせて工場のフロアスペースも節約でき、操作する作業員も少なくて済む。圧倒的な効率化とコストの削減が可能になる。

複合加工機の開発は、1970年後半に自社工場での生産性向上の取り組みによって始まった。

当時の日本は、1973年末に発生した第一次オイルショックにより苦しい状況に陥っていた。日本政府は、原油価格の高騰によるインフレを抑制するため、公共事業の削減や金融引き締めを実行。需要が急速に冷え込んだ影響は大きく、1974年の日本経済は戦後初めてのマイナス成長を記録していた。

1970年代後半に入ると、ようやく日本経済は落ち着きを取り戻し、製造業界ではオイルショックの経験を踏まえてコスト低減が図られ、省エネや省人化に向けた設備更新が活発となった。NC旋盤をはじめとする工作機械の需要も右肩上がりとなり、マザックはこのタイミングを見計らって増産へと舵を切った。

しかし、当初は苦戦した。工作機械の心臓部ともいわれる主軸ユニットが思うように増産できなかったのだ。主軸とは、加工したい工作物や刃物を取り付けて高速回転させる部分。工作機械のあらゆる構成部品のなかでも精度や耐久性が特に必要とされるいわゆる心臓部で、複雑で精緻な加工技術がいる。

当時、主軸の部品加工にはマザック製の工作機械（NC旋盤とマシニングセンタ）を社内設備機として用いていた。部品の形状が複雑であるため、複数の工作機械で加工する必要があったのだ。

「なんとか加工工程を短縮できないだろうか」

開発部門の社員たちは頭を悩ませた。

「NC旋盤とマシニングセンタの両方の機能を一台に集約した工作機械をつくったらどうだろう」

そんな意見がチーム内から生まれた。

複数の機械で行っている加工をひとつの設備機で行えば生産性は飛躍的に向上するという提案だ。

議論と研究が重ねられ、1980年についにNC旋盤とマシニングセンタを融合した最初の複合加工機、スラントターン30ミルセンタが生まれた。〝NC旋盤に、小さなドリルを数本付けただけの機械〟である。それでも、工場の設備機として採用すると、主軸の加工時間を大幅に短縮することができた。

このスラントターンミルセンタは社内設備機だけではなく製品としてデビューし、1987年にはインテグレックスに改名された。英語で〝統合〟を意味する「INTEGRATE」に由来する製品名だ。

## 潜在ニーズを捉え大ヒット商品へ

インテグレックスは旋削加工とミル加工が一台でできる画期的な製品であったが、発売当初からすべてのユーザーに受け入れられたわけではなかった。

当時のインテグレックスは、主に重工業メーカーが行う大径加工物（直径300〜400㎜）を対象とした機械。サイズが大きく、限られたスペースで作業を行わなくてはならない町工場ではなかなか導入できなかったからである。

日本のバブル経済崩壊後、1990年代中盤には貿易の自由化が急速に進んだ。先進国の製造業では、生産コスト低減を目指し、生産拠点や部品調達先の新興国へのシフトを進めていた。日本のあらゆる業種が、安い人件費を求めて、積極的に海外に工場をつくった。

日本、アメリカ、ヨーロッパなど先進国では、大手メーカーが生産拠点を中国、台湾、韓国などに移すとともに、より激化するコスト競争を勝ち抜くため積極的に生産効率の改善にも注力した。

このような人件費の削減や作業の効率化を強く意識する時代、NC旋盤やマシニングセンタを中心に設備を導入していた町工場は、一台であらゆる加工を効率的に行える複合加工機に強く関心を持つようになる。

町工場のほとんどは円筒形加工物の場合は直径80㎜以下のものを手掛けており、小物部品の加工に適した小型の複合加工機が待たれていた。同時に、海外新興国との競争力を高めるため、高度な加工技術の取得に積極的になった。生産効率の向上だけではなく、もっと付加価値の高い部品加工を行おうとしたのだ。

この頃、インターネットが急速普及し、デジタル機器を中心に積極的な小型高性能化が図られた。

製品本体のサイズをコンパクトにし、高性能化を図るには内部構成部品をより小さくする設計変更が必要になる。それは半導体デバイスだけでなく、駆動モーターや躯体などのハード部分でも行わなくてはならない。

そのため一体型の複雑形状部品が次々と設計された。複雑な形状を効率良くつくり出すために、縦方向、横方向にとどまらず、斜め方向からの加工ニーズが徐々に高まっていた。

当時すでに、マシニングセンタを使えば斜め加工は可能だったが、それには特殊な治具や加工プログラムが必要で、ユーザーへの負荷が高かった。

「もっと小型で、複雑形状の加工も可能な複合加工機はないものか」

多くの町工場が思っていた。

このような背景のなかで生まれたのが、1997年にデビューしたインテグレックス200Yである。コンパクトでありながら操作性も良く、斜め加工ができるということが最大の魅力である複合加工機だ。

コンパクト化するには、切削工具とミル工具を同じ刃物台で持ち替えて把持しなくてはならない。特性の相反する工具の高精度での持ち替えは難易度が高かった。こうした高いハードルを越えて、製品化に成功したのは、マザックが業界初だった。

「インテグレックス200Yの登場で、新しい生産方式が認められた」

智久はインタビューで語っている。

斬新な設計であるがゆえにインテグレックス200Yの販売は当初苦戦したものの、すぐに8倍まで売上は増大している。その大ヒットによって、複合加工機の代名詞的な存在になった。時代がマザックに追いついたのだ。

また、インテグレックス200Yの登場で、NC旋盤やマシニングセンタと並んで、〝複合加工機〟という工作機械の新カテゴリーが生まれた。事実、JIS規格にも「複合工作機械」という分類が後年に新設されている。

「世の中が変わったと感じた。それ以前は、複雑な部品はNC旋盤とマシニングセンタで順番に加工して当たり前。その前提で部品が設計されていた。ところが斜め加工も簡単にできるようになった。複雑な部品が特殊な器具もなしに加工できるようになったことで、世の中の部品の形状が変わった」

当時の開発設計事業部長であった現副社長の長江昭充はそう振り返っている。

## 進化する工作機械

NC装置マザトロールや複合加工機インテグレックスは、現在も進化し続けている。

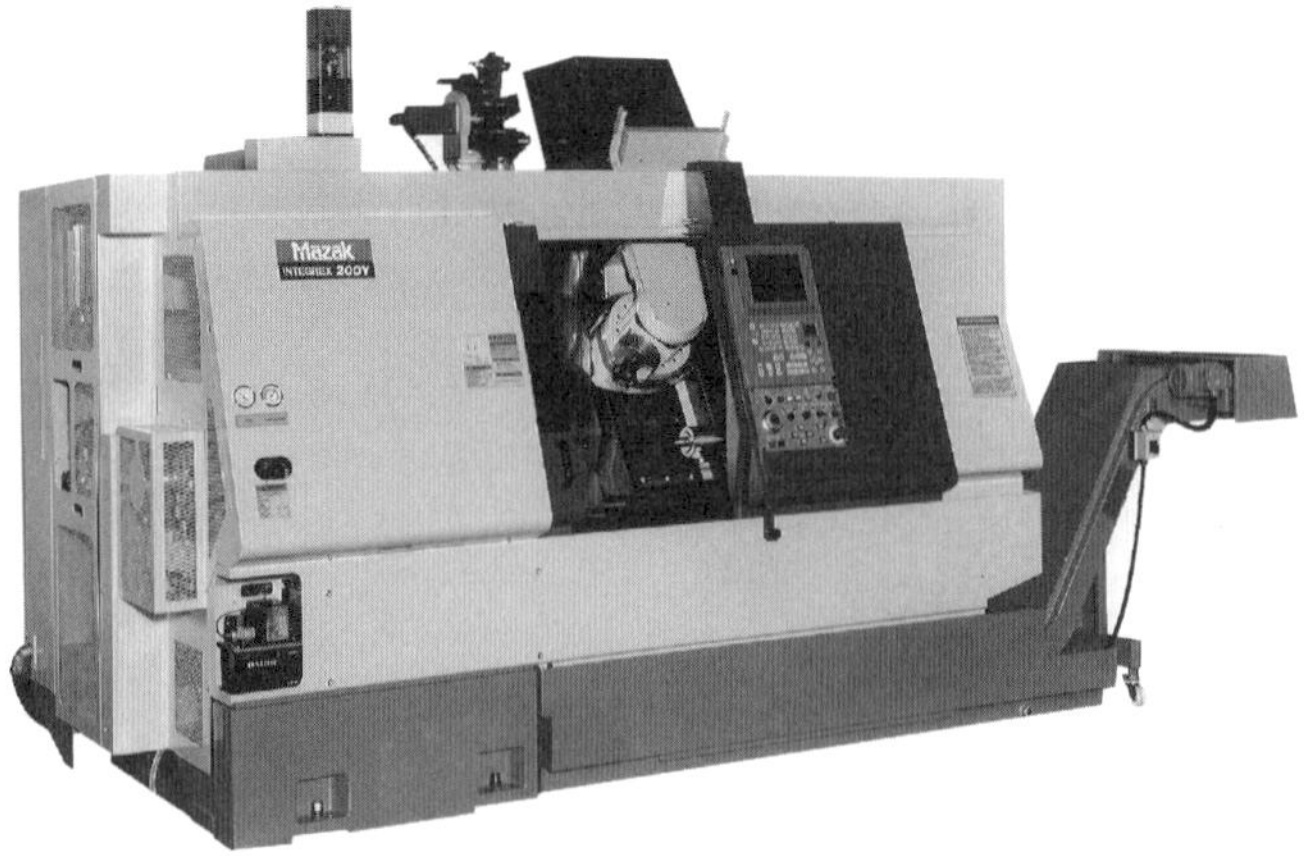


INTEGREX 200Y

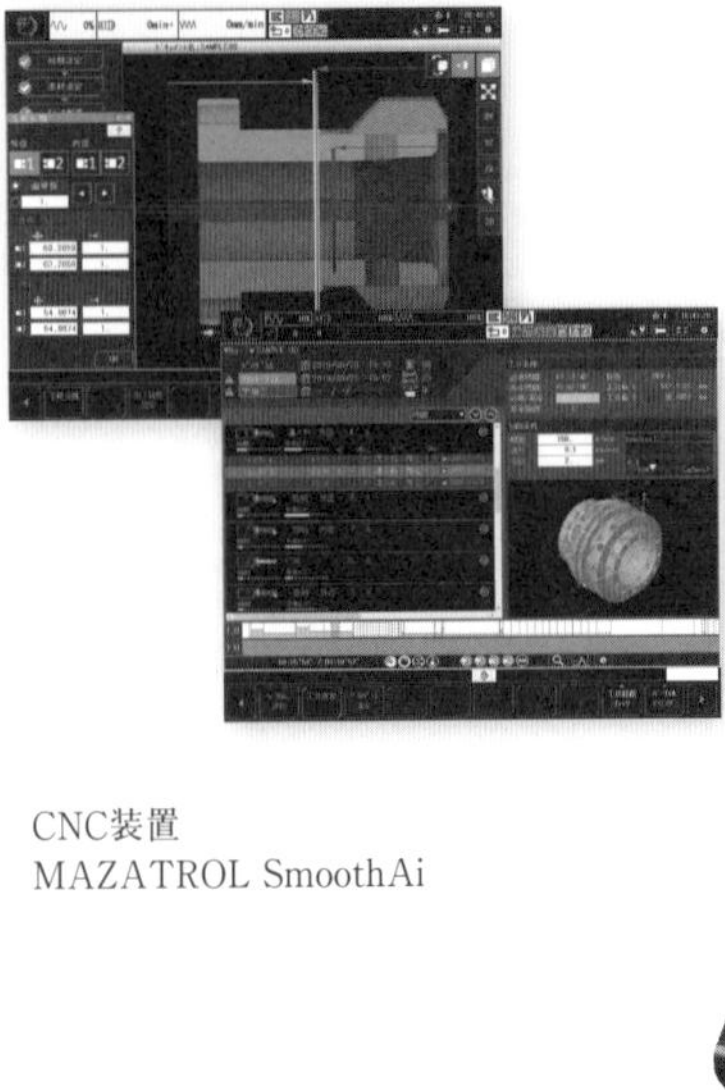

CNC装置
MAZATROL SmoothAi

「誰もが操作しやすいNC装置」

マザトロールはその基本コンセプトを継承し、2014年にはタッチパネル方式を採用。スマートフォンやタブレットのような直感的な操作ができるようになった。

2019年にはAI（人工知能）を搭載。加工図面をNC装置に読み込ませると、AIがこれまでの作業データを学習し、最適な加工プログラムを自動的に導き出すことができる。人が指示しなくても、図面と素材さえあれば自動的に最適な加工ができるまでになっている。

インテグレックスは、2014年にAM（Additive Manufacturing＝アディティブ・マニュファクチャリング）機能が搭載されたハイブリッド複合加工機、インテグレックスAMシリーズが開発された。

AMとは、金属などの材料を薄く重ね積み上げていく加工技術である。一般的には3Dプリンタで使われている技術といったほうが分かりやすいだろう。

複合加工機は、これまで切削や穿孔など、ものを削ったり切ったりする機能の組み合わせで構成されていた。しかし、このインテグレックスAMシリーズは、切削加工にAM技術を組み合わせたもの。AM機能の搭載によって〝盛る〟ことも可能になった。

削り、盛る。いわばマイナスとプラス両方ができることで、加工物に突起を付けたり、異なる金属をコーティングしたりできるようになった。航空宇宙やエネルギー産業の分野で期待が高まっている。

このハイブリッド複合加工機の生産現場での本格的な普及はこれからだが、世の中の生産方式を大きく変える可能性を秘めた工作機械だと期待が持たれている。

マザックはAM技術にとどまらず、次世代の加工技術と融合したハイブリッド複合加工機の開発を着々と進めている。

## 工場でありショールームでもある Mazak iSMART Factory

多関節ロボットと工作機械が連結した自動化システム、無人で走るフォークリフト、壁一面に設備機の稼働状況をリアルタイムで表示するモニターが並ぶ加工指令室……。

マザックの美濃加茂工場を訪れると、SF映画で見る近未来の世界が目の前に広がり、目にした者は思わず息を飲む。

2019年、美濃加茂工場は100周年事業のひとつとして、IoT、AI、自動化技術を駆使したMazak iSMART Factory（以下、アイスマートファクトリー）として生まれ変わった。

製造業は世界的に労働力が不足している。少子高齢化が進む日本ではさらに深刻な状況だ。熟練工は希少で、なかなか確保できない。

経済産業省の「2018年ものづくり白書」のアンケートによると、大企業121社のうちの40・5％が技能人材の不足をうったえている。つまり、大企業の半数近くが技術職の人手不足という深刻な問題を抱えている。

中小企業はより深刻で、2918社のうち59・8％が技能人材の不足をうったえている。産業は細分化され、顧客のニーズは多様化している。メーカーにはマス・カスタマイゼーションが求められ、多品種少量生産を大量生産並みの効率で実現することが必要となりつつある。

これを受けて、IoT、AI、自動化技術を活用して、ものづくりのプロセスやバリューチェーンなど、製造業全体の仕組みとルールを根本的に変えようとする機運が、全世界的に高まっている。

なかでも製造業のデジタル化を国家プロジェクトとして推し進め、一歩先んじているのが、ドイツのインダストリー4・0（第四次産業革命）だ。ドイツは国家レベルでデジタル化を推進し成果を出し始めている。

このような流れのなか、製造業の強化を狙う国や地域、業界での地位向上を狙う企業なども一斉に動いている。2015年には中国の「中国製造2025」、2017年には日本の「コネクティッドインダストリーズ」が発表されるなど、各国の国家プロジェクトが相次いで立ち上がった。


このような世界の潮流のなかにあって、マザックはものづくりの源流ともいえる工作機械のリーディングカンパニーとして次世代のものづくりに取り組んでいる。

その象徴が、アイスマートファクトリーだ。すでに2017年、本社機能のある愛知県の大口工場のアイスマートファクトリー化を完了、岐阜県の美濃加茂工場はそれに次ぐことになる。


アイスマートファクトリーの機械加工エリアでは、マザックの最新鋭の工作機械、多関節ロボット、立体自動倉庫、無人フォークリフトなどで構成された自動化システムが構築され、長時間の連続無人運転が実現。変種変量生産が行われている。

また、すべての設備機械はネットワーク接続され、工場稼働データの収集と稼働状況の監視・分析が行われている。ありとあらゆる設備や機器のデータを詳細に収集して、設備やエリアごとではなく、工場全体で一元管理し効率化を図っているのだ。

さらに生産過程の部品にはＲＦＩＤ（無線電子タグ）が取り付けられ、工場内のどこにあり、どのプロセスにあるのかを明確にして、物流および在庫管理を行っている。

ＲＦＩＤについては、日本でも生活のなかでなじみのあるものになりつつある。

例えば衣料ブランドのユニクロでは、商品にはＲＦＩＤが取り付けられていて、無人レジで店員を介さずに会計ができ、領収書もプリントされる。デジタルで商品管理を行うことで、在庫管理が自動化され人件費を削減している。

また、大手コンビニエンスストアのローソンやミニストップでは、経済産業省の指導のもと、一部の店舗でＲＦＩＤを駆使した無人店舗の実証実験も行っている。

そのＲＦＩＤをマザックは工場内の部品管理に活用しているのだ。

生産活動のデジタルデータ化は、人間の作業にも採用。組み立てエリアで働いている従業員の実績はデータ化されて、組み立ての進捗状況を常時確認。工程間に発生している問題や滞留をすぐに見つけることができる。

このような作業状況の可視化によって、工程間に生じる問題を迅速に発見でき、組み立てリードタイムが短縮できるようになった。すべての生産活動をデジタルデータ化し、一元管理することで、品質管理・トレーサビリティの向上に役立てているのだ。

「アイスマートファクトリーは進化し続ける工場。その時点の最先端技術を常に取り入れ、そこから生まれるソリューションによって世界中のものづくりの発展に貢献していく」

このことはマザックの全従業員が共通認識として持っている。

このようにして最新技術を自社工場に投入するのは生産性向上だけでなく、もうひとつの目的がある。それは、製品、そして企業としてのマザックのプロモーションだ。

「工場はショールーム」

マザックは自社製品を自社の生産設備として活用し、その効果を実証する。そしてユーザーに自社工場を披露することで、拡販や事業拡大につなげている。

マザックは世界各地にショールームを持ち、製品の展示を行っている。しかし、全長十数mの大型機械などで構成されている大規模な自動化ラインをショールームで見せるのは、現実的ではない。

ユーザーにとって、こうした大きく高額な工作機械の購入は、社運を賭けた決断になる。購入した工作機械が想定していたパフォーマンスを発揮できなければ、経営の危機に直結する。

　マザックが自社の工場で活用事例を見せることは、どんなカタログよりも説得力を持つ。ユーザーは安心して購入を検討できるだろう。

　アイスマートファクトリーには、ＡＩ搭載の最新型のマザトロールやＡＭ技術を搭載したハイブリッド複合加工機も導入されている。それらをマザック自らが実際に使用することでそのメリットを実証しているのだ。さらに、まだ商品化されていないさまざまな新技術も次々と投入されている。

　つまり、マザックの工場は、単なる生産工場ではなく、ショールームであり、研究所でもある。マザックの従業員は、生産者であると同時にユーザーでもある。

　創業者、山崎定吉の「世の中にないものは自分でつくる」の理念は今でもマザックの開発姿勢のなかに息づいている。現地に密着した事業活動を推し進めることで、ニーズを的確にとらえ、そのニーズを高い技術力と現場力で製品化している。

# 第七章

# 世界のMAZAKを確立したブランド改革

## 顧客や社会との絆がブランドを強固にする

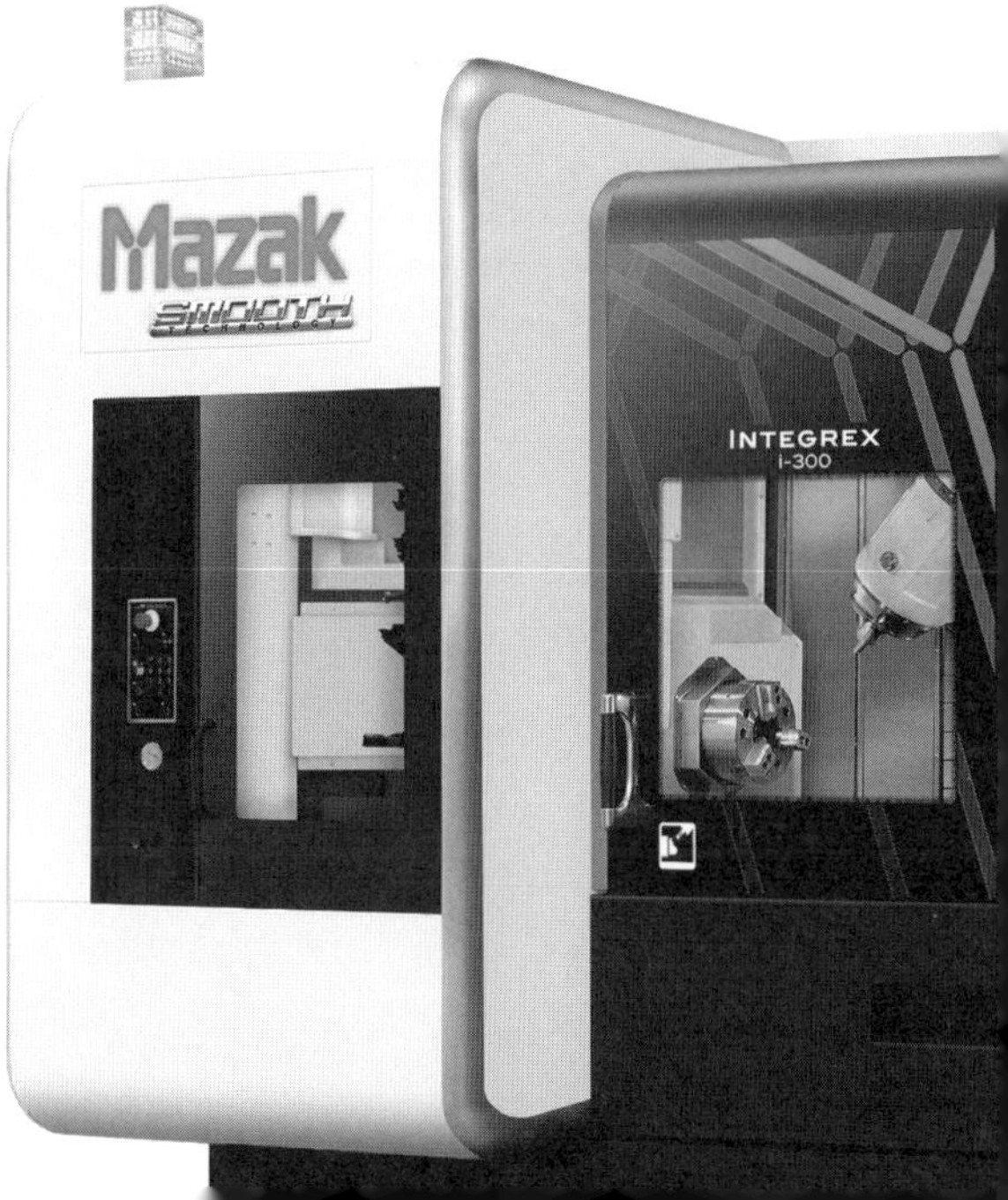

## ブランドは信頼の証

2000年から、世界経済は急速に減速を始めた。3月、アメリカ経済がITバブルの崩壊により成長が鈍化したのを皮切りに、IT需要拡大で景気拡大が続いていたアジアにも経済の鈍化が波及する。ユーロ圏内においてはより深刻で、年末にはマイナス成長に落ち込んだ。

日本経済も例外ではない。〝失われた20年〟の真っただ中にあり、社会には閉塞感が漂っていた。2001年4月には郵政民営化を旗印にした小泉純一郎政権が発足。国民の不安が変革を後押しした。

同年の6月、マザックでも大きな体制の変更が行われた。山崎照幸が会長に就任し、長男の智久に社長のバトンが渡ったのだ。39年ぶりの社長交代だった。

1962年に社長に就任して以来、照幸は強力なリーダーシップで会社を牽引、マザックをグローバル企業へと育てた。

「経営のスピードが重要な時代になり、若い人が決断して、すぐ動くことが必要になってきた」

会見で照幸は交代理由を説明した。ここでもマザックの時代の潮流を敏につかみ動く経営判断が働いた。

その席で次代を担う智久は
「マザックは名実ともにグローバル企業へと成長した。トータルソリューションの提供ができる企業、グローバルな顧客サービスのできる企業、オリジナリティのある製品開発のできる企業としてのマザックの〝ブランドイメージ〟をいっそう市場に浸透させる」と明言した。

ブランドについて、マザックには海外進出における苦い経験がある。１９６８年に本格的にアメリカに進出したとき、以前からアメリカに製品を輸出していたにもかかわらず、現地で〝ＭＡＺＡＫ〟ブランドを知る人はいなかった。その理由は、マザックがつくった工作機械はすべて、アメリカの商社のインポーターズブランドで販売されていたからだ。当時、日本製品は粗悪品と認識されていて、商社はそのイメージを嫌ったのだ。マザックはゼロから一人ひとりの顧客と信頼関係を構築し、ブランドを築いていった。この時に費やした時間、エネルギーは大変なものだった。

１９７４年にマザックはケンタッキー工場を稼働させる。現地で生産することによる経営の効率化だけでなく、顧客の利便性を高めるという目的が大きかった。この進出によりアメリカ市場でのブランド力が著しく高まった。

「工場の進出は〝簡単には撤退しないという顧客への約束〟です」

智久は語っている。

「地域に根差してその土地で人材を育てるには時間がかかります。決して簡単なことではありません。でも、それこそが顧客の信頼を勝ち取り、ファンを増やす道です」

現地で顧客に寄り添う、自社の〝覚悟〟を示すことがブランド力を高めた。

「ブランドとはお客様からの信頼の証」

社長に就任した智久はそれを再確認し、肝に銘じている。

製品やサービス、マザックの企業姿勢に対する信頼関係が構築されれば、価格競争にも巻き込まれにくい。顧客は製品そのものの機能や価格だけではなく、信頼にお金を払うからだ。

智久が強く意識してきたマザックのブランドを強固にしているのが、グローバルブランドにふさわしい製品デザインと顧客からの信頼を勝ち取るためのビフォアサービス・アフターサービス体制である。

## 災害時にも発揮される「Together-Success」の精神

工作機械のような生産財を購入する顧客は、購入元が信頼するに足る企業か、長く付き合うに値する企業か、どの会社も検討に検討を重ねる。

工作機械の単価は数百万円から数千万円、大型機や自動化システムともなれば数億円と高額だ。しかも購入して終わりではない。自社の生産ラインが常にベストパフォーマンスで稼働するよう、メンテナンスをはじめアフターサービスの体制が整っていることが不可欠。そのため工作機械メーカーと顧客との付き合いは長期にわたる。あってはならないことだが、購入後、その工作機械メーカーが倒産したら、顧客自身の存続も脅かされる。

アフターサービス体制において、マザックはライフタイムカスタマーサポート、つまり販売した製品がある限りアフターサポートするという体制を世界中で築いている。オンラインサポートセンタは、24時間体制で顧客サポートを行っている。もちろん週末や祝日も対応する。

マザック本社や工場で理論や技術を学び、腕を磨いたテクニカルスタッフが全世界に散らばりビフォアサービス・アフターサービスを行うのがテクニカルセンタとテクノロジーセンタだ。２０２０年現在、これらのサポート拠点は全世界で80カ所以上ある。高地でも、砂漠地帯でも、世界のありとあらゆる場所、そこにマザックの工作機械があればケアに駆けつける。

世界中の各拠点相互の連携によって、災害時も迅速な対応を行ってきた。

2002年夏、北海から移動してきた低気圧が停滞し、ヨーロッパ各国の川が氾濫した。オーストリアのザルツブルクでも沿川の家屋密集地域が被災。油流出が被害を拡大した。

その際、マザックのテクノロジーセンタのスタッフはいち早く現地に駆けつけ被災した顧客の工場の復旧対応に当たった。そして顧客の要請に基づいて、被災した機械のうち2台をイギリスのウースター工場で修理、もう1台を日本の大口工場でオーバーホールし、顧客の韓国工場へ届けた。オーストリア、イギリス、日本、韓国と国境を越えたマザックならではの巧みな連携だ。

2005年8月23日には、北大西洋のバハマ諸島南東の洋上で熱帯低気圧が発生した。その時点では中規模な嵐だったが、南東の小アンティル諸島から上ってきた熱帯低気圧と合体し巨大化。ハリケーン〝カトリーナ〟となって、フロリダ半島を襲う。半島を串刺しにしてメキシコ湾へ抜けたカトリーナはさらに巨大なハリケーンに成長して8月29日にルイジアナ州に再上陸した。ミシシッピ川の河口に位置し、州最大の都市ニューオーリンズには9mもの高波が押し寄せた。ニューオーリンズはジャズ発祥の地として有名な全米有数の観光都市だ。カトリーナは沿岸部の堤防を破壊し、街の約8割を水没させた。ニューオーリンズでは約100万人が被災し、約40万人の市民が避難生活を送った。

被災した企業のひとつがマザックの工作機械を使っているMECO社（メカニカル・エクイップメント・カンパニー）だった。創業は1928年。浄水設備機器メーカーで、1台約100万ドルの超純水製造装置などをつくっている。

MECO社の従業員が高波の大きさに気づいたときは、すでに高さ5mもの水の怪物が襲い掛かり、工場の壁を次々となぎ倒していた。至るところが海草や泥、海水で覆われ、あっという間に工場の半分の高さまで浸水してしまった。

港に隣接している立地環境や過去の経験から、MECO社はさまざまな防災対策を行っていた。しかしカトリーナによる大洪水は想定を大きく超えていた。カトリーナが去った工場内には、約10㎝の泥がつもり、唯一使用可能な設備は天井に据え付けられていたクレーンだけ。翌日、その惨状を目にした従業員たちは天を仰いだ。

当時のマザックのアメリカ現地法人の社長、ブライアン・パプケの行動は迅速だった。

「確かにMECO社の置かれている状況はたいへん厳しく、復興できるという保障はありませんでした。それでも、マザックのポリシーである顧客第一の精神を貫きました」

パプケは、最新の工作機械をMECO社に優先的に納入。購入代金の支払い猶予期間を延長したうえで、MECO社の社員のトレーニングなど、全面的に支援を行ったのだ。

一方、MECO社の社長、ジョージ・グッセルは、被災後に各地に避難していた全従業員を探し出し、住居を用意して彼らが再び仕事に復帰できる環境を整えた。そして翌年の2006年4月に新工場を立ち上げて見事に復興を果たす。

後年、来日したMECO社のグッセル社長は、智久と固い握手を交わしている。


もちろん日本国内でも、災害時に迅速な対応を行ってきた。被災地最寄りのスタッフだけでなく、本社のサポート部門や各工場から人員を派遣し被災した顧客の復旧を最優先で支援する。2011年の東日本大震災の際も、震度5以上を記録した地域の顧客に対し、震災後3日目から24時間、総勢200名体制で復旧対応に当たった。この時はアメリカのマザックコーポレーションからも支援の申し出があった。

通常、ある程度の規模の会社であれば、さまざまな業務マニュアルが整備されている。社員はそのルールに沿った行動が原則的に求められる。しかし、大災害は時としてマニュアルの範疇を超えた想定外のケースを生む。現場の最前線で対応する者は、企業の理念に立ち返り、決断し、行動することを求められる。その時こそ企業の真価が問われる。

「パートナーである顧客を一刻も早く苦境から救う」

マザックは、それを原点に一人ひとりができる限りの行動を取る。それこそが、マザックが掲げる「Together-Success」の精神だ。全世界の拠点幹部が一様に胸に刻み、〝いざ〟というとき迅速に行動している。この価値観と行動力が、ビジネスを超えた顧客との絆を深めているのである。

## 奥山デザインでブランド力を強化

「工作機械にフェラーリ参戦？」

２００９年10月６日の朝日新聞の朝刊にこんな見出しが載った。

この前日、10月５日からイタリアのミラノで工作機械の見本市がスタートした。マザックは、イタリアのピニンファリーナ社でフェラーリをデザインした経験を持つ奥山清行氏とともに手掛けた新製品を出展したのである。

それまでのマザックの製品とは異なり、なめらかな曲線のフォルムだった。
このデザインは姿が美しいだけではない。人間工学を研究し尽くし、使いやすさにも十分に配慮されている。NC装置の画面は大きく、なおかつ使う人の身長に合わせて上下に移動できる。

海外ではKEN OKUYAMAとして活躍する奥山氏は1959年生まれ、山形県出身。ロサンゼルス、東京、山形などを拠点に活躍している。イタリア人以外で初めてフェラーリをデザインしたデザイナーだ。
奥山氏はエンツォフェラーリなどのフェラーリ車のほかにも、シボレーのカマロやマセラティのクアトロポルテも手掛けてきた。自動車のほかには秋田新幹線こまち、山手線などの鉄道車両、ラグジュアリー観光バスのクリスタルクルーザー菫、さらには、家具、時計、メガネ、日本酒のラベル、そして2019年には、ガンプラ（アニメ『機動戦士ガンダム』のプラモデル）までデザインしている。

智久が奥山氏の存在を知ったのは、1冊の本がきっかけだった。奥山氏の著書『フェラーリと鉄瓶――一本の線から生まれる「価値あるものづくり」』（PHP研究所）である。そこには、奥山氏自身のデザインやものづくりに対する考え方がつづられていた。イタリアと日本に共通する職人技を活かした文化、そしてブランドの大切さにも触れられていた。

「ブランド力の強化に、製品のデザインはどうあるべきか」

色や形だけではなく、使い勝手や感性までを含んだデザインを意識していた智久は、心打たれた。ものづくりを理解したこのデザイナーにこそ、マザックブランドのデザインを任せたい。奥山氏と面識はなかったが、熱い思いを手紙にしたためた。

「マザックの製品のデザインにアドバイスをいただきたい」

ところが手紙を送ろうにも宛先が分からない。紹介者もいない。奥山氏のホームページに投稿すれば返事が来るかもしれないと思い、本人が読むことを信じて手紙の文面を投稿した。

レスポンスは早かった。２日後に智久に快諾の返事が届いたのだ。偶然にもフェラーリの工場でマザックの工作機械が使われており、マザックのことを奥山氏は知っていたのだ。

製品デザインについて智久が目指したのは、作業者が使いやすく、なおかつ品質と性能の良さが外観から感じられるデザインである。

これらについて、奥山氏の考え方ともぴたりと一致し、マザックと奥山氏とのコラボレーションがスタート。そして、そのコラボレーション第1号機を、ミラノの工作機械の見本市でお披露目したのだ。

奥山デザインに対する智久の第一印象は「とてもシンプル」。しかし、よく見ると細かいところまで配慮が行き届いている。

「『こんなに性能の良さそうなデザインの機械を使っているのであれば間違いなくいい仕事をしてもらえますね』と取引先から絶賛されました」

ある顧客の工場を訪れ、奥山デザイン機に対する評価を聞いて智久は手応えを感じた。品質や性能の良さを外観から感じられるようなデザインが大切であることを物語るエピソードだ。

また別の顧客からは、「せっかくこんなにきれいなデザインの機械を導入したのだから、それに釣り合うような職場にしなければと、整理整頓をはじめとした工場全体の美化活動推進のきっかけとなりました」そんな声を聞いた。

優れたデザインは人を動かす力を持つ、そのことを智久は実感した。

2010年以降、マザックの取り組みを皮切りに工作機械のデザインの改良は、業界全体で加速した。

工作機械見本市のマザックブース

ひと昔前の工作機械見本市といえば、角張って無骨な工作機械がズラッと並ぶのが恒例だったが、今は違う。マザックを中心とした主要メーカーのブースには、近未来的なデザインの工作機械が展示され、業界内外の来場者の興味を惹いている。

「工作機械のデザインに対するその後の他社の動きを見ると、自分の考え方は間違っていなかった」

智久は確信した。そして、以後のマザックの新製品は奥山デザインで統一されていく。当初業界内には、生産財である工作機械にそこまでデザイン性が必要なのかとの懐疑的な見方もあった。しかし機能性や操作性と両立させたデザインは多くの顧客に受け入れられ、結果的に業界のトレンドとなった。

新しい視点で時代に先駆けてデザインを一新したマザックの製品は同業他社との差別化に成功し、ブランドはより強いものになっていった。

## ブランドの信頼性を高める社風

マザックブランドを強化しているのは、ビフォアサービス・アフターサービス体制や、優れたデザイン性のほかにもさまざまある。そのなかで忘れてはならないのは、マザックの〝社風〟だ。

智久はマザックの社風の大切さについて、ある年の年頭挨拶で全社員を前に次のように語っている。

「お客様は単に製品の品質、機能、アフターサービスなど工作機械に直接関係する部分だけではなく、社員の接し方が良い、温かい、思いやりがある、社員がいつも一生懸命働いている、社員の気くばりがすばらしい、マザックへ行くと心地よい……などの理由を含めてマザックと取引をしてくれています。これらの方はマザックの〝社風〟が好きでファンになってくれているわけです。お客様に信用していただき、信頼関係を築くためには、製品の品質やサービスの品質を常に高く保つことはもちろん、それに加えて、われわれ一人ひとりがお客様から信頼されて好意を持ってもらえることが必要です。こういったことを実現できて初めて、本当のパートナーとしてお客様からマザックというブランドを選んでいただけることになります」

このように、マザックが大切にする社風を支えるのは、顧客に対する感謝だ。

社運を賭けて高額なマザック機を購入したときはもちろん、その前段階としてマザックに興味を持ってもらえたことへの感謝、話を聞いてもらえたことへの感謝、そして遠路海を越えてまで足を運んでもらえたことなどへの感謝だ。

マザックを訪れる顧客の多くは経営者本人だ。多忙にもかかわらずマザックに来て時間を使ってもらえたことへの感謝の気持ちをすべての社員が持っている。それが顧客の心につたわる。心を通してお客様の信頼を得ることが、社員の成功体験として社内に蓄積され、マザックの社風として育っていく。

マザックの社風を育むことについては、智久はじめ各役員が率先垂範で取り組んでいる。そのひとつの例として、マザックには「MIMTA」と呼ぶ海外の顧客を対象としたツアーがある。

MIMTAは、マザック・インターナショナル・マシン・ツール・アソシエーションの略。マザックユーザーを中心に構成されるメンバーは定期的に日本に招かれ、1週間ほどの日程でマザックの工場を見学し、本社幹部との懇親会を行い、さらに観光などを通じて日本の文化も体験する。マザックについて深く理解してもらい、他国のMIMTAの会員とも親睦を深めてもらうことが目的だ。

MIMTAの際には、智久をはじめ役員総出で顧客の到着を迎える。握手やハグを交え、感謝の意を伝える。初日のウェルカムスピーチから、最終日の観光まで、各社員が誠意を持って対応する。地球の反対側に住む顧客とフェイストゥーフェイスで会話をする。顧客と本社の幹部が直接顔を合わせ、会話を交わすことで、人間同士の信頼が深まっていく。

顧客は経営者である以前に〝人〟だ。ビジネス上の信頼関係を築く前に、人と人との信頼関係を大切にしている。多くの時間を顧客と共有し、社風に触れてもらい、心の紐帯がつながることで信頼が生まれている。

グローバル化が進展するなか、ビジネスの場では置き去りになりがちな、日本の美徳である「おもてなし」を大切にしているからこそ、異なる文化を持つ海外の顧客からの信頼を得ることができる。こうしてマザックブランドは強化されていくのだ。

## ブランドの継承

時代が令和に移った２０１９年の6月4日、１００周年を迎えたマザックは新しい時代に向けて歩み始めた。

社長の交代を発表したのだ。智久は会長となり、新社長には副社長だった山崎高嗣が就任。次の１００年に向けてマザックは新体制で臨むことになった。

智久の社長在任中の18年間で、マザックは国内外で販売拠点を拡充し大きく売上を増やした。それに伴い、従業員も約４１００人から約８４００人と倍増。事業規模は拡大した。

「今年は新しい元号が始まった年であり、また当社にとっても創業100周年の記念すべき年に当たります。100周年は次の100年への基盤づくりの年と考えた場合、新体制で会長・社長としてスタートするのに節目としてはちょうど良い年と考えました。ふたりで力を合わせてマザックの社風を守るとともに、その時々の環境に柔軟に対応することで、今まで以上にブランド価値を高めて参りたいと考えております」

智久の言葉を受けて、新社長の高嗣は駅伝を例にコメントした。

「今までの100年間、3人のランナーがたすきをつないでくれたものを、より良い状態で次のランナーに引き継ぐのが私の役目です」

高嗣は智久の従弟に当たり、1990年にマザックに入社した。1996年から3年間、シンガポール現地法人の社長を務め、1999年に帰国してからは一貫して営業のフィールドを歩いてきたファイターだ。

新社長である高嗣は経営の基本方針は引き継ぐものの、単に過去を踏襲するのではなく、環境の変化に敏感に対応し、変えないものと変わらなくてはいけないものを考えて経営に当たることを述べた。

「今まで以上にきめ細かくマーケットニーズを汲み上げ、マーケットに密着した経営ができればと考えています」

営業畑を歩いてきたからこそ、高嗣はマーケットを強く意識している。そして、デジタル化の推進による同業他社との差別化を挙げ、最後に、マザックの強みであるグローバルな展開とソリューションビジネスの拡大について語った。

「グローバル化のさらなる推進に取り組みたい。当社は早い時期から販売拠点や生産拠点を海外に展開してきたので、アメリカ、ヨーロッパ、中国の主要な市場で強みを発揮しています。今後はアジア諸国や東欧など成長性の高い市場での販売戦略にも、新会長と協力して力を入れていきます」

次の100年もグローバルにビジネスを展開していくことをヤマザキマザックの新時代を担う高嗣は約束した。

定吉、照幸、智久からのたすきを受け継いだ高嗣がどんな手腕を発揮するのか――。

世界中の工作機械メーカーが注目している。

# 終章

## 匠の地の技術を世界へ

### 次世代を担う人材を育成

## 匠の地から世界へ

マザックが本社を構える愛知県は、ものづくりが盛んなエリアとして名高い。

2019年の工業統計によると愛知県の製造品出荷額等は48兆7220億円と全国1位、2位の神奈川県（18兆4431億円）とは大差がついている。この第1位の座は、42年連続で保ち続けている。愛知県は自動車や航空機などの輸送用機械が強いのは周知の通りであるが、それ以外にも窯業、繊維、ゴム、鉄鋼など、出荷額で全国1位の分野を多数抱える。無論、工作機械も強い。

愛知のものづくりの強さの源流は、その位置が日本の中心である地理的背景のほかに、歴史的背景と結び付けて語られることが多い。

その歴史をたどると、檜をはじめとした木曽の木材にルーツがあるといわれる。長野県や岐阜県の木曽川上流域で産出される檜は〝木曽檜〟のブランドで有名だが、江戸時代にはこの檜をはじめとした木材が木曽川を介して名古屋へ運び込まれ、城や城下町の建設に使われていた。木材を使った建具や仏具などの製造技法が発展し、その工芸技術が時計など精密機器をつくる技術へ進化したといわれている。

マザックの創業者である定吉が在籍した愛知時計電機の祖業も実は材木商であったこ

と、定吉自身も木工機械を一時手掛けていたことを見ても、木材とともにこの地でものづくりが発展してきたことが分かる。このような歴史的背景のなか、愛知県は〝匠の地〟として成熟するに至ったのである。

匠の技を持つ職人、今でいうところの熟練技能者が多数育まれている地に工場を置くことは、とりわけ工作機械メーカーにとって重要な意味を持つ。工作機械の組み立ては一台一台すべて人の手で行われるため、高品質な工作機械を大量に製造できるか否かは、優秀な技能者をどれだけ確保できるかに左右されるからである。

愛知県に本社を構えることになったマザックには、その黎明期から躍進期にかけ人材獲得の面で地の利があったといえよう。

この工作機械の生産に不可欠な匠の技を伝承していくため、マザックは技能者の育成にも力を入れている。

折に触れて「ものづくりは、まずひとづくりから。社員は会社のバランスシートに載らない大切な資産」と智久が語るように、マザックは社員の技能レベルの向上のための取り組みを進めている。そのひとつが国家資格である技能士資格の取得推進であり、資格取得者は1000人を優に超えている。技能士のなかでも卓越した技能者にのみ与えられる「現代の名工」の称号を持つ社員数は、名立たる工作機械メーカーのなかでもトップクラスだ。
これらの人材は国内工場で工作機械製造に従事するのみならず、海外工場における技術指導の役割も担っている。この匠の地から海外への技能伝承を絶え間なく続けることが、マザックグループ全体の製品品質を向上させ、マザックブランドが世界において信頼されるための礎となっているのだ。

「ものづくりは、まずひとづくりから」

実はこの智久の考えは、社員に対してのみ向けられているものではない。製造業全体、地域全体の人材の底上げにも向けられている。その取り組みのひとつとして挙げられるのが、工作機械博物館の開業である。

## ヤマザキマザック工作機械博物館開業

２０１９年11月、岐阜県美濃加茂市にヤマザキマザック工作機械博物館が開業した。11月１日には、行政・学校関係者をはじめとする来賓を招いて、開業記念式典が華やかに執り行われた。

ヤマザキマザック工作機械博物館は、地下工場だった空間を改装してつくられている。地下2階建てで、地表からは約11mの深さ。延床面積は約1万㎡。緑に囲まれた広い駐車場の一角に博物館へ降りるピラミッド形のエントランスがある。

館内には、1927年に製造したベルト掛け山崎旋盤をはじめとする初期からのマザックの工作機械はもちろん、工作機械の原点ともいえる、世界最古の旋盤やレオナルド・ダ・ヴィンチが描いたねじ切り旋盤のレプリカなど、歴史的に貴重な機械、約70点がずらりと展示されている。

加えて、一般の人たちが工作機械に対しより興味を持って見てもらえるようにと、工作機械がなくてはつくれなかった昔の蒸気機関車や自動車、航空機なども展示されている。1940年のD51蒸気機関車、1911年のT型フォード コンバーチブル、1954年に日本に輸入されたノースアメリカンT6G機などがそうだ。

ここに足を運べば、工作機械の歴史はもちろん、産業の発展に工作機械がどのように貢献してきたかが分かる。

式典での智久の挨拶には、将来の製造業を担う子どもたちへの思いが凝縮されていた。

「この博物館は、前会長の山崎照幸が工作機械の存在をもっと一般の人たちにも知ってもらいたいと、20年ほど前から構想を温めていたものです。しかし残念ながら本人の存命中には実現することができませんでした。私は先代が成し得なかったこの博物館建設の夢を、いつの日にか必ず実現させることが自身の務めであると考え、このプロジェクトを粛々と進めてきました。このたびようやく正式に博物館を開業できる運びとなりました」

そう話すと智久はゆっくりと目線を遠くに向けた。

博物館開業からさかのぼること8年前の2011年9月、照幸はこの世を去っていた。

戦後間もない1946年に、照幸は石川に父、定吉を訪ね、名古屋に戻って再び工作機械を製作するように説得した。なかなか首を縦にふらない父親を一年かけて根気よく口説いた。それが、現在のマザックに至る最初の大きな節目だった。照幸は父親とともに戦後の焼け野原でマザックの礎を築く。岩戸景気後の不況時には日本全国に営業のキャラバン隊を送り出し強靭な営業体質をつくった。

アメリカの機械商社との屈辱的な取引をバネに海外へ進出。昭和40年不況もニクソン・ショックで国内需要が激減した際も海外とのバランス経営で危機を脱した。

山崎鉄工所を生んだのが定吉ならば、その会社を世界のマザックに育て上げたのが照幸だった。2001年に社長職を智久にバトンタッチして以降も、ブランド力の強化を進める智久を支え続けてきた。

そんな強靭な精神で会社を牽引してきた照幸が、82歳でこの世を去ったのだ。

2011年11月15日、照幸のお別れ会が名古屋のホテル、ウェスティンナゴヤキャッスル（当時）で執り行われ、業界関係者や地元財界人など約2500人が参列。工作機械業界の重鎮であり、業界最大の功労者のひとりである照幸の遺影に献花した。

「〝細心にして大胆〟が会長の精神。この心をもとに、今後もグループ企業一丸となり、信頼され、愛される企業を守り、発展させていきたい」

智久は謝辞の中でこのように決意を述べている。


晩年の照幸がメセナ活動として力を入れていたのは、ヤマザキマザック美術館と工作機械博物館のふたつの社会貢献事業だった。

2010年に名古屋市内でオープンしたヤマザキマザック美術館は、マザックのグローバル展開の副産物といえる。照幸は世界各国を回ることによって、世界一級の絵画をこつこつと収集した。監修に携わった美術評論家は、フランスの美術史を語るうえで欠かせぬ時期の貴重な作品を総合的に見られると評価している。

ヤマザキマザック工作機械博物館

ヤマザキマザック美術館

2011年には当時の駐日フランス大使、フィリップ・フォール氏とルーブル美術館館長、アンリ・ロワレット氏が同美術館を訪れた。その際、フォール氏は「なぜ、このような貴重な作品が日本の名古屋にあるのか」と驚きの声を上げ、ロワレット氏もそのコレクションを絶賛した。それほど世界的に価値ある作品が集められているのだ。

「心安らぐ潤いあるひと時を、訪れてくださる方々に提供したい。〝私蔵は死蔵〟になることを避けたい」

照幸は美術館を開業した目的を語っている。

そして、美術館の次に目指していたのが工作機械博物館の開業だった。

「社会を支え続けている工作機械をもっと広く伝えたい」

照幸は願っていた。しかし、志半ばでこの世を去ったのだ――。

博物館開業は、この照幸の遺志を引き継ぎ、智久が準備を重ねてきたのである。

開業記念式典での智久のひと言ひと言には、自分の人生を投じてきた工作機械への思い、今後の工作機械の発展、未来への希望が終始込められていた。同時に、その言葉には日本の製造業が置かれた状況への憂いもにじんでいた。

子どもや若者のものづくり離れがいわれるようになって久しい。工業高校の生徒数は減少の一途をたどり、製造現場の将来の担い手不足が危惧されている。

日本で工業科の生徒数が最も多かった年は第二次産業がまだ盛んだった1970年で、56万5508人。全高校生の13・4％だった（公益社団法人 全国工業高等学校長協会の調査・以下同）。ところが2013年には、生徒数は26万559人で、全体の7・9％まで減った。ピーク時の約46％、ほぼ半減した。

この減少の要因のひとつとして、昔よりものづくりを身近に感じる機会がなくなったことが挙げられている。

ひと昔前は町工場が至るところにあり、ものづくりの現場を子どもたちが垣間見る機会があった。しかし今では多くの町工場が姿を消している。近代的な工場はあるものの、塀で囲われ、中の様子をうかがい知ることはできない。日常生活のなかで、ごく自然にものづくりの存在を感じる場所は少ない。

この状況を、智久も案じているのであろう。

ものづくりが持つ面白さや大切さを子どもたちが体感できる場所として、ヤマザキマザック工作機械博物館が開業したことは、日本の製造業の未来にとって非常に意義深いものがある。

小中学生から大学生まで、今後、多くの若者たちが訪れ、社会における工作機械の役割を知り、興味を持ち、それぞれが歩む人生の選択肢に多大な影響を与えていくだろう。

「次世代への貢献」

これが智久の視線の先にある、次の100年に向けたマザックのもうひとつの約束だ。

# エピローグ

２０１８年の暮れ、名古屋近郊にあるヤマザキマザック大口工場を初めて訪れた日のことは鮮明に記憶している。人気のない工場に大小数えきれないほどの機械が整列し、どれもが静かに働いていた。それらはまるで、寡黙で誠実な技術者だった。

マザーマシン――。

自分の不勉強を恥じたが、この本の取材で知った言葉だ。

飛行機、自動車、各種家電製品……、そして今この原稿を書いているパーソナルコンピュータなど、世の中には私たちの生活を支えるたくさんの機械がある。ならば当然、それらの機械を生み出すための機械もある。それがマザーマシンとも呼ばれる工作機械だ。この〝母なる機械〟の存在に気づかずにずっと暮らしてきた。

大口工場で私たちの生活を支えるマザーマシンと出合い、少なからず胸が震えた。この企業の存在を世の中に広く知らせるべきだと、はっきりと思った。

ヤマザキマザックは、1919年に創業し、マザーマシンをつくり続けている100年企業だ。その間、昭和40年不況、ニクソン・ショック、バブル崩壊、リーマン・ショックなど幾度もの危機に直面した。

しかしどんな逆境にさらされても、マザックは勤勉に、常に次世代に求められる技術を創造し、リスクを恐れずに、工作機械をつくり続けてきた。自分たちがものづくりを支えるという使命感を常に持っていたからだ。

「治に居て乱を忘れず」これは2代目社長、山崎照幸の座右の銘だ。

この言葉どおり、逆風のみならず順風の状況下でも、マザックの歴代トップは手綱を緩めず、社員は汗を流すことを厭わなかった。

そしてどの時代も、積極的に海を渡って挑戦している。マザックは日本だけでなく、世界の各種産業の発展に貢献し続けている。

常に備えること、諦めずに挑戦し続けること、マザックが歩んできた歴史を振り返り、その大切さをあらためて感じた。その姿勢は、すべての企業、個人が、変化の激しい現代社会を生き抜くうえで参考になるだろう。

# 工作機械とは

## 製品づくりにおける工作機械の役割

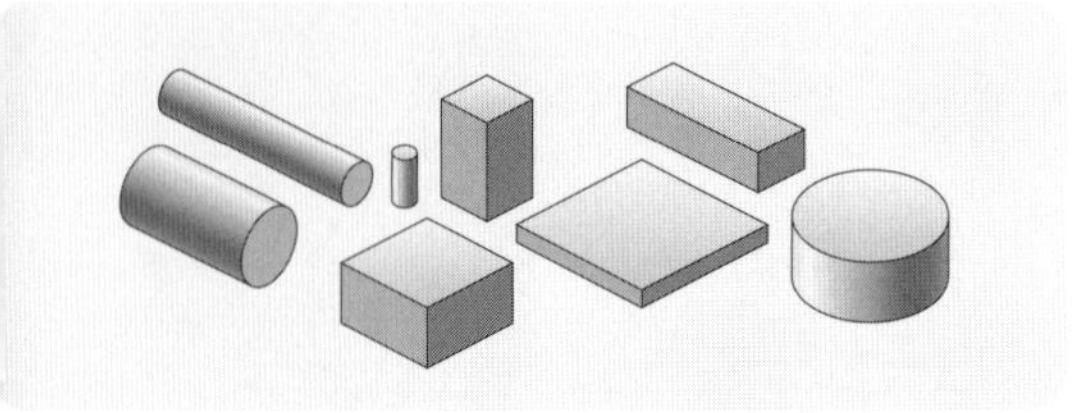

STEP 1
材料

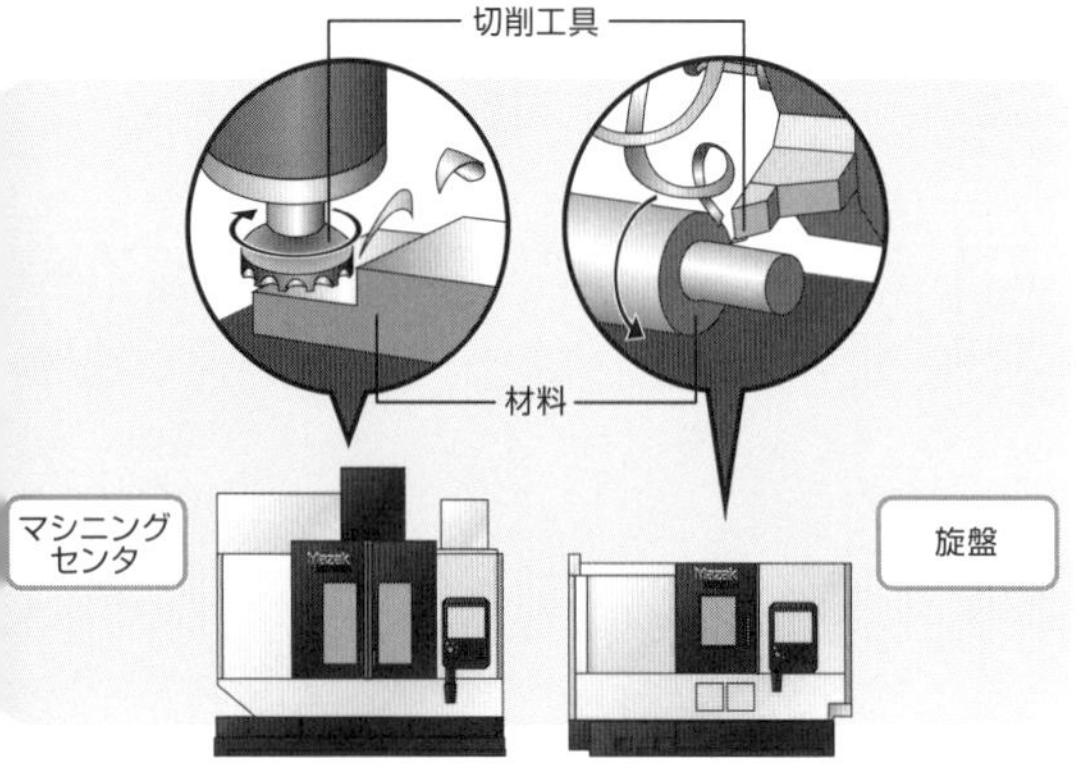


STEP 2
工作機械による加工

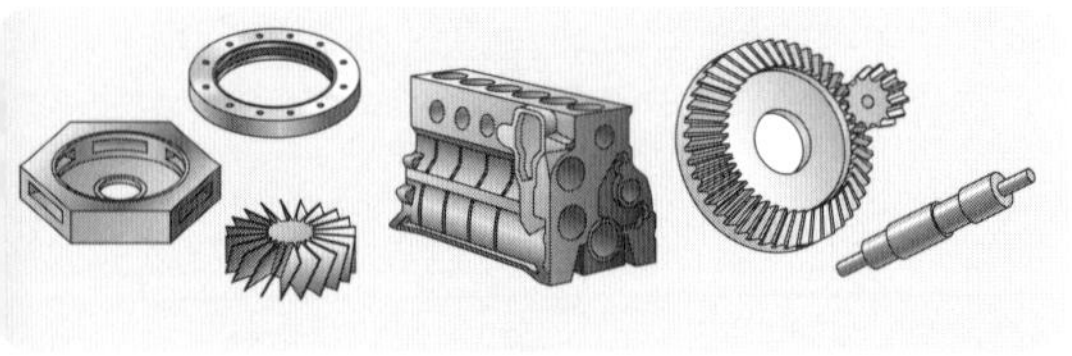

STEP 3
機械部品

STEP 4
最終製品

# 工作機械の主な加工方法と種類

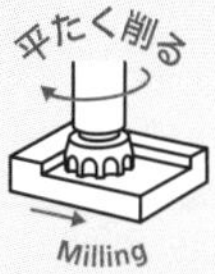


回転する切削工具（刃物）で材料を平らに削る加工

ドリルと呼ばれる切削工具（刃物）を回転させて穴をあける加工

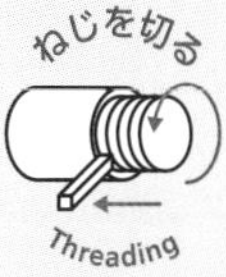


ねじ山（ギザギザの螺旋部分）をつくる加工

丸い材料を回転させ、バイトと呼ばれる刃物を当てて形をつくる加工

## マシニングセンタ

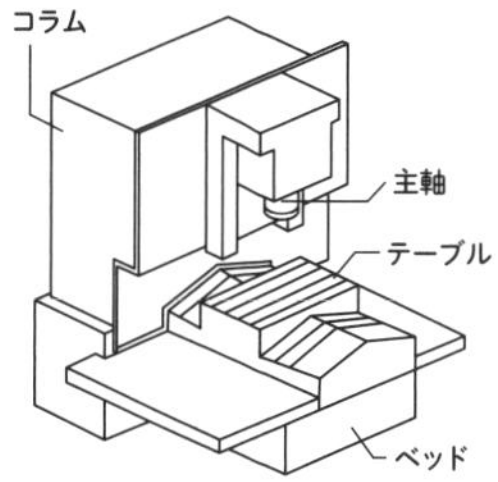


主軸に“切削工具”を取り付ける

**マシニングセンタ**は、固定した材料に、回転する切削工具を当てて平らに削ったり、穴をあけたりする機械。板やブロック形状の材料の加工が得意。

## 旋盤

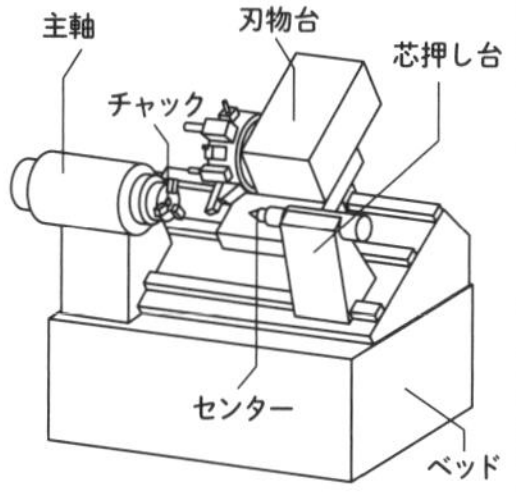


主軸に“材料”を取り付ける

**旋盤**は、回転する円筒状の材料に、切削工具を当てて削る機械。
円筒形状の材料の加工が得意。

## 複合加工機

**複合加工機**は、一台で旋盤とマシニングセンタの両方の加工を行うことができる。

# 参考文献

有沢広巳監修『昭和経済史』〔上〕〔中〕日本経済新聞社
『近代日本総合年表　第二版』岩波書店
神田文人・小林英夫編著『戦後史年表』小学館
大石慎三郎監修『新修名古屋市史』（本文編）第6巻　名古屋市
鈴木均著『サッチャーと日産英国工場』吉田書店
安保邦彦著『中部の産業　構造変化と起業家たち』清文堂
マービン・J・ウルフ著『日本の陰謀　官民一体で狙う世界制覇』光文社
経済産業省・厚生労働省・文部科学省編『ものづくり白書』２０１２年～7年度版
大阪銀行協会『工作機械製造事業法解説並ニ認可許可申請手続：附・金属関係各種法規集』（昭和14年）
『東京朝日新聞』（１９３１年8月27日）
『朝日新聞』（１９４５年3月13日）
『日本経済新聞』（１９９５年1月15日）
『日本経済新聞』（２０１４年4月13日）

『日本経済新聞』電子版（２０１４年9月２日）
総務省ホームページ「名古屋市における戦災の状況（愛知県）」
https://www.soumu.go.jp/main_sosiki/daijinkanbou/sensai/situation/state/tokai_06.html
佐賀県白石町ホームページ
https://www.town.shiroishi.lg.jp/jyuumin/manabu/yukari/_1161.html
北海道弁護士会連合会ホームページ
http://www.dobenren.org/contribution/yamaguti.html
最高裁判所ホームページ　東京地方裁判所の沿革
https://www.courts.go.jp/tokyo/about/syokai/index.html
経済企画庁「昭和52年年次経済報告」
https://www5.cao.go.jp/keizai3/keizaiwp/wp-je77/wp-je77-02202.html#sb2.2.2.1.2
公益社団法人日本経済研究センターホームページ
https://www.jcer.or.jp/j-column/column-saito/20180416.html
日本貿易振興機構（ジェトロ）「大連市概況　戸籍人口の推移」（２０１８年7月）
https://www.jetro.go.jp/ext_images/world/asia/cn/tohoku/pdf/overview_01_dalian_1807.pdf
財務省「第１表明治初年度以降一般会計歳入歳出予算決算額」

**神舘　和典**
Kodate Kazunori

1962年東京都生まれ。雑誌記者、出版社勤務を経て、2003年から書籍を執筆。『新書で入門 ジャズの鉄板50枚＋α』『墓と葬式の見積もりをとってみた』（以上新潮新書）、『25人の偉大なジャズメンが語る名盤・名言・名演奏』（幻冬舎新書）など著書多数。「文春トークライブ」（文藝春秋）、「japan ぐる～ヴ」（BS朝日）などでインタビュアーも務める。

本書についての
ご意見・ご感想はコチラ

# Mother Machine
## 工作機械で世界に挑み続けたマザックの100年

2020年6月30日　第1刷発行

著　者　神舘和典
発行人　久保田貴幸

発行元　株式会社 幻冬舎メディアコンサルティング
〒151-0051　東京都渋谷区千駄ヶ谷4-9-7
電話　03-5411-6440（編集）

発売元　株式会社 幻冬舎
〒151-0051　東京都渋谷区千駄ヶ谷4-9-7
電話　03-5411-6222（営業）

印刷・製本　大日本印刷株式会社

装丁　小原範均

検印廃止

Printed in Japan
ISBN 978-4-344-92771-1 C0034
幻冬舎メディアコンサルティング HP
http://www.gentosha-mc.com/